中国与世界丛书

丛书主编：王健

汤伟 著

环境安全

理论争辩与大国路径

上海人民出版社

丛书总序

2018年6月，习近平总书记在中央外事工作会议讲话中指出："当前中国处于近代以来最好的发展时期，世界处于百年未有之大变局，两者同步交织、相互激荡。"

中国处于近代以来最好发展时期的一个重要标志，就是中国特色社会主义建设进入了新时代，中国与世界的关系越来越紧密。首先，我国的综合国力上了一个新台阶，在全球的地位不断上升。2018年，中国的国内生产总值达到13.5万亿美元，居世界第二位，约占全球经济总量的16%。与此同时，中国还是世界第一大货物贸易国、第二大服务贸易国、近130个国家和地区的最大贸易伙伴和最大出口市场、世界第二大对外投资国。特别是中国已经成为世界经济增长的主要引擎，这些年对世界经济增长贡献率每年超过30%。2018年《全球竞争力报告》显示，中国在全球竞争力排行榜列第28位，是最具竞争力的新兴市场国家之一。其次，中国的国际话语权不断得到增强，越来越走近世界舞台中央。目前，中国在世界银行和国际货币基金组织中的投票权仅次于美国和日本，居世界第三。中国在联合国、世界贸易组织、二十国集团、金砖国家合作机制等多边机制发挥越来越重要的作用，是亚太经合组织、亚信、东亚"10+3"等区域性国家组织或机制的重要成员，还积极创建了上海合作组织，创设了亚投行、新开发银行等国际金融机构、在一系列的重要国际活动中，中国提出了一系列新的外交理念和倡议，如全球治理观、正确义利观、发展观、安全观、合作观、全球化观、新型国际关系、人类命运共同体，并积极推动"一带一路"建设。目前，120多个国家和29个国际组织同中方签署了"一带一路"合作协议。"一带一路"倡议提出6年来，中国同共建"一带一路"国家贸易总额超过6万亿美元,中国企业对沿线国家投资超过900多亿美元,承包工程营业额超过4 000亿美元。中国同沿线国家共建的82个境外合作园区为当地创造近30万个就业岗位,给各国带去了满满的发展机遇。最后,中国承担了与自身发展阶段、应负责任相称的国际义务。中国是联合国会费第二大出资国、联合国维和行动经费第二大出资国、安理会五个常任理事国中派出维和人员最多的国家。中国派出维和人员3.9万余人次,参与维和任务区道路修建工程1.3万余千米,运输总里程1 300万千米,接诊病人17万多人次,完成武装护卫巡逻等任务300余次。中国积极参与反恐、打击海盗等国际合作,中国海军在亚丁湾、索马里海域护航行动常态化。中国积极推动朝鲜核问题、伊朗核问题、巴以问题、叙利亚问题、阿富汗问题等地区热点问题的解决,坚定支持《巴黎协定》。党的十八大以来,中国政府援建重大基础设施项目300余个,实施民生援助项目2 000余个,为受援国培训各类人次近40万名,提供紧急人道主义援助177批次(累计受益人口超过500万人)。中国解决了13亿多人民的温饱问题,减少了7亿多贫困人口,仅过去5年就减贫6 800多万人,占全球减贫人口总数的70%以上,率先实现贫困人口减半的联合国千年发展目标。当然,虽然取得了历史性的进步,但我国基本国情和国际地位并没有发生根本性变化。人均国民生产总值虽然超过9 000美元,但仅仅是美国的七分之一,欧盟的四分之一,在世界上排72位,人均自然资源占有量远低于世界平均水平。同时,我们还有相当数量的贫困人口,城乡、地区差距仍然很大,发展水平总体还处在从中低端向中高端过渡阶段。因此,中国既是一个世界性综合实力很强的大国,又是一个人均收入较低的世界上最大的发展中国家。

今天,中国与世界的关系早已超越了以往任何一个时代。中国深刻地影响着世界,百年未有之大变局下的世界也会更深刻地影响到中国的未来发展。如何看待世界正处于百年未有之大变局,学术界有不同的看法。我以为,要跳出百年看百年,从一个较长的历史视角来观察,或许有助于我们正确把握和认识这一判断。所谓百年未有之大变局,是因为我们正处于全球化发展调整期、世界权力结构转移期和科学革命发展孕育期这三个历史长周期的叠加期,所以矛盾深刻、形势复杂。

首先，全球化发展到今天，出现了一些严重失衡问题，亟须调整。例如，在空间发展上的不平衡。1453年是一个人类历史上值得予以高度重视的年份。这一年，君士坦丁堡被奥斯曼土耳其帝国攻陷，拜占庭帝国覆灭。此后，奥斯曼土耳其帝国逐渐控制了欧亚地区，试图独占古代丝绸之路的商业利润。但陆路受阻，却迫使葡萄牙、西班牙等欧洲国家积极开辟新的海上贸易航道，推动了大航海时代的到来，世界开始通过海洋连为一体。据统计，全世界经济总量一大半集中在沿海岸带300千米之内的地区，美国、日本、欧洲等发达经济体皆是如此，中国也不例外。最近英国的中国经济史研究发现，并非中央对内地不重视，而是大航海时代开启后，东部沿海地区越来越多地卷入全球化，而内地因远离海洋而拉开了与东部的发展差距。突出的表现就在于货币白银。沿海地区获得了大多数的美洲白银，而内地则被海洋时代所抛弃。于是，沿海与内地的资本积累差距日益扩大。从2016年美国大选结果和美国各州收入水平相关性来看，沿海地区，特别是西太平洋沿岸地区绝大多数支持全球化，而特朗普和共和党的得票主要来自中西部内陆地区。

又如，文化交往上的不平等。在全球化过程中，很长一段时间是帝国殖民统治下的全球化，而殖民帝国统治下的文化交融不可能是平等的，还往往把宗教作为殖民扩张的工具，这就必然导致文化融合不足，冲突加剧。冷战后，这一文明或文化冲突又伴随着移民流动在全球扩展。其实，就目前全球经济发展来看，一些发达国家和地区如果要维持经济增长，需要大量移民。美国学者布赫霍尔茨提出过一个“25年法则”，即在现代工业化之后的社会，假如一个国家在连续两个25年（也就是两代人）的时间内，国内生产总值的平均增长率超过2.5%，那么这个国家的生育率就会降至人口置换率的水平，即每个妇女有2.5个孩子。如国内生产总值连续增长三代人的时间，那么其生育率通常会降至2.1，该国就需要通过移民来保持稳定的工作人口。但现实问题是，移民并不仅仅是一个移动的生产要素，他还是一个文化载体，一旦文化交融受阻，就会造成冲突，影响社会稳定。里夫金在15年前就撰文指出：移民问题是对“欧洲梦”的根本考验。欧洲每年必须招募至少100万移民，但与此同时，移民潮又将威胁甚至压垮已经十分紧张的政府福利预算和人们自身的文化认同。

再如,受益与责任上的不对等。全球化中,受益最大的是跨国公司。它们不仅在全球配置各种资本、劳动力、技术等资源,甚至还配置了税收。例如,美国有些跨国公司直接将外国赚取的利润留在低税率国家不拿回来,或更有甚者,将美国赚取的利润"转让定价"出去放在国外,以"递延"交税。有些干脆不满足于"递延"交税,直接将总部迁出美国,迁到低税率国家,这样,跨国公司在外国的收入直接避免了在美国的纳税。2004 年至 2013 年,47 家跨国公司总部迁离美国。这就是所谓的母子倒置交易。据美国税收和经济政策研究所分析,截至 2016 年年底,世界 500 强跨国企业中,有 367 家在离岸避税地累计利润约 2.6 万亿美元,这使得美国政府每年损失 1 000 亿美元,相当于政府公司税收入 3 000 亿美元的三分之一。2.6 万亿美元离岸利润里,其中四分之一是来自苹果、辉瑞、微软和通用电气这 4 家公司,离岸利润最高的前 30 家公司合计超过 1.76 万亿美元。而政府主要是靠税收来提供公共服务的,这样就导致了受益和责任的不对等,影响了政府促进科技、教育和公共卫生等的发展。罗德里克在《全球化的悖论》一书中就提出了"全球化不可能三角"理论,即经济全球化、民主制度与国家主权三者不可能兼容。政府是每个国家的政府,市场却是全球性的,这就是全球化的致命弱点。这一弱点,加上事实上全球资源配置中的不平衡、不充分,就产生了全球化的另一个大问题:收入差距拉大。以美国为例,美国收入排名前 1%的人,其财富占比达到居民财富总额的 24%。斯蒂格利茨将这种现象调侃为"百分之一有、百分之一治,百分之一享"。美国布鲁金斯学会发布的一份报告显示,近几十年来美国工人的实际工资增长几乎停滞。1973 年至 2016 年,剔除通胀因素,美国工人实际收入年均增长 0.2 个百分点。报告同时指出,虽然过去 50 年美国经济取得长足进步,但处于中间 60%的中产阶级家庭收入变化很小。这一趋势在与收入最高的 20%的人口相比时更为明显:中产阶级家庭收入自 1979 年至 2014 年的真实增长(剔除通胀因素)仅 28%,而同期收入最高的 20%的人口的增长是 95%。更为重要的是,在过去这几十年中产阶级家庭取得的收入增长,全部都来自家庭中女性开始出门工作的贡献。由此可见,美国中产阶级正在逐渐贫困化,而这些失败人群成为了反全球化的主要力量。

总之，全球化发展到今天，确实存在问题和失衡，目前正进入再平衡过程。但是，全球化是人类发展的必然趋势，如何正确应对和协调，事关全球经济的稳定和繁荣。

其次，世界力量和权力格局又迎来了新一轮的权力转移期。肯尼迪《大国的兴衰》一书从战略角度，以500年的世界政治史为背景，探讨了经济与军事的关系及其对国家兴衰的影响。从中可以看出，世界权力结构大约100年出现一次更替。16世纪是葡萄牙、西班牙称雄的时代，17世纪是荷兰的黄金时代，18世纪中叶到19世纪末是由英国主宰，而19世纪末开始美国逐渐夺取全球霸主地位。正可谓"为见兴衰各有时"。当前，世界力量和权力格局的一个重要变化就是新兴市场和发展中国家的整体崛起。2018年7月，习近平在金砖国家工商论坛上的讲话指出："未来10年，将是国际格局和力量对比加速演变的10年。新兴市场国家和发展中国家对世界经济增长的贡献率已经达到80%。按汇率法计算，这些国家的经济总量占世界的比重接近40%。保持现在的发展速度，10年后将接近世界总量一半。"而其中，最为突出的就是中国的崛起。2000年中国的国内生产总值只有美国的10%多一点，但是目前已经接近美国的70%。特别是中国社会主义现代化的目标越来越清晰，世界社会主义运动在中国特色社会主义的带动下开始走出低谷，中国改革开放以来的发展经验引起越来越多发展中国家的关注，这引发了美国战略界的焦虑，并开始把中国视为美国主导的世界体系的修正者和美国世界领导地位的挑战者。2017年以来，美国多份战略报告明确将中国定位为"战略竞争对手"和"修正主义者"。美国副总统彭斯、国务卿蓬佩奥先后指责中国是与美国争夺世界主导地位的"坏人"(bad actor)。《华盛顿邮报》记者金斯指出：新的对华政策融合了国家安全顾问博尔顿的鹰派观点，国防部长马蒂斯的战略定位，白宫贸易顾问纳瓦罗的经济民族主义立场，以及副总统彭斯以价值观为基础的主张。美国学者白邦瑞在《百年马拉松》一书中强调，中国有一项百年计划，就是通过取得西方技术，发展强大经济，最后取代美国成为世界超级大国。哈佛大学肯尼迪政府学院首任院长艾利森认为，在国际关系研究领域，"修昔底德陷阱"几乎已经被视为国际关系的"铁律"。从

16世纪上半叶到现在的近500年间,在16组有关“崛起大国”与“守成大国”的案例中,其中有12组陷入了战争之中,只有4组成功逃脱了“修昔底德陷阱”。虽然中国一再表明,中国无意改变美国,也不想取代美国,并主动提出构建中美之间“不冲突不对抗,相互尊重,合作共赢”的新型大国关系。但是,美国从维护自身的霸权地位出发,将中国的发展壮大视为对美国的挑战和威胁。其实,在美国的“战略词典”里,哪个国家的实力全球第二,哪个国家威胁到美国地位,哪个国家就是美国最重要的对手,美国就一定要遏制这个国家,以往对苏联、日本等国的打压都是有力的例证。为此,目前,美国对中国的崛起从贸易、科技、教育、文化、军事等方面实施成体系性的总体遏制,甚至不惜与中国“脱钩”,而这也使得全球安全环境发生了新的变化,即传统安全议题复归主导地位,大国地缘政治博弈加剧,民粹主义上升趋势不减,导致了世界局势更加不稳定、不确定。世界经济论坛最新的《全球风险报告》指出,93%的受访者认为大国间的政治或经济对抗将更加激烈。如何避免中美之间的结构性权力冲突,能否跨越“修昔底德陷阱”,不仅关乎中美两国未来的发展,也关乎世界的和平与发展。

最后,科学革命进入了发展孕育期。当前世界正处于新一轮技术创新浪潮引发的新一轮工业革命的开端,全球各主要科技强国都在围绕争夺新一轮科技革命的优势地位进行博弈。新一轮技术革命和产业变革是互联网、大数据、云计算、人工智能与传统的物理、化学和机械等学科的相互结合,是以人工智能、机器人、新能源、新材料、量子信息、虚拟现实等为主的全新技术革命和产业革命,但必须指出,我们现在所有的科技成果都是应用科技的发展,基础理论还停留在20世纪爱因斯坦时代。20世纪初至40年代,人类基础科学理论有了重大突破,代表成果就是量子力学与相对论,这两项成就重建了现代物理学,让人类对自然与宇宙的认识上了一个台阶。在基础理论突破的基础上,带来了第二次世界大战后应用科技的爆炸式繁荣。20世纪七八十年代,美国基于对未来科技发展的乐观前景主动将自己的中低端制造业转移出去,积极推动自由贸易。但是,由于目前新的科学革命尚处于发展孕育期,美国自身处于“科技高原下的经济困境”。教育水平衰落、研发投入停滞、科学家地位下降等又导致美国暂时无力推动出现科学革命的新高峰，继续保持未来发展持续的科技红利。芯片的摩尔定律揭示，基础理论没有突破，应用科技早晚会走到尽头。特别是由于数字经济、人工智能等对于人口基数庞大、交易数据丰富、传统设备缺少的国家形成有利机遇，中国在市场规模、改造成本、应用场景等方面具备“后发优势”，在互联网的相关应用（包括社交、电商、移动支付等）和在新一代信息技术上（包括人工智能、大数据、5G、云计算等）取得了显著进步，这就使得美国担心在高科技领域被中国全面超越。目前看来，在新的科学革命没有产生前，现有的科技革命竞争将在存量基础理论框架内展开，会变得越来越激烈和残酷。唯有新的科学革命产生，才有可能改变目前的争夺态势，并最终决定世界力量和权力结构。

百年未有之大变局下中国的发展必然会受到外部国际环境影响，但中国自身的发展也将最终影响并决定世界格局。为此，我们要认真汲取人类发展的有益文明成果，在坚定走中国特色社会主义道路的同时自觉纠正超越阶段的错误观念，集中精力办好自己的事情，以进一步深化改革开放不断壮大我国的综合国力，不断改善人民的生活，不断建设对资本主义具有优越性的社会主义，不断为我们赢得主动、赢得优势、赢得未来打下更加坚实的基础，塑造更加有利于我国发展的外部环境，维护、用好和延长重要战略机遇期。

上海社会科学院国际问题研究所于2015年3月经上海市机构编制委员会批准，由成立于1985年，汪道涵先生创立的上海市人民政府上海国际问题研究中心更名组建，原上海社会科学院国际关系研究所整建制并入，核定编制60人。合并更名之前，吴建民大使和上海市政协原副主席、上海社会科学院原党委书记兼院长王荣华教授曾担任中心的主席，本院著名学者王志平、潘光、黄仁伟等在中心担任过领导。上海社会科学院国际关系研究所的前身东欧中西亚研究所和亚洲太平洋研究所也都是有影响力的国际问题研究机构。作为全国首批25家高端智库试点单位之一上海社会科学院属下的国际问题研究机构，上海社会科学院国际问题研究所面对百年未有之大变局，理应坚持以习近平外交思想为指导，牢固树立正确的历史观、大局观和角色观，坚持理论联系实际，深入探寻世界转型过渡期国际形势的演变规律，准确把握历史交汇期我国外部环境的基本特征，研判分析战略机遇期内涵和条件的变化,有力推动中国与世界的良性互动和合作共赢。为此,我们与上海人民出版社合作,将本所研究人员的一些高质量成果以"中国与世界丛书"的形式集中出版,以期为实现中华民族伟大复兴创造良好外部环境提供理论基础和政策建议。

是为序。

上海社会科学院国际问题研究所所长

2019 年 6 月 16 日

序

冷战结束后，人们普遍认为世界将变得更美好。然而30年过去，国际社会却出现一种新的态势，即和平与发展虽是时代主题，然而和平与发展之外的议题越来越多、对和平与发展的冲击越来越严重、风险越来越难以管控。“灰犀牛”和“黑天鹅”常常一起奔袭。新的风险和挑战，大致分为四大类。第一，资源环境领域：气候变化、荒漠化、生物多样性，水、粮食和能源，以及各类灾害，等等。第二，人口领域：跨国移民，跨国犯罪，艾滋病、新冠肺炎疫情等公共卫生问题。第三，高科技领域，譬如转基因、核技术应用、互联网治理。第四，全球公域，包括太空、海洋、极地、网络等。新的风险和挑战主要有以下几类特征：(1)对人类生产、生活的影响越来越大，甚至超过了传统战争；(2)单个国家无法解决，需要全球性集体行动，然而欧美大国内向化(inward-looking)倾向明显，为解决这些议题所需要的国际公共物品供给意愿大幅下降，以中国为代表的新兴大国群体性崛起，但总的来说能力有限，由此公共物品供需矛盾异常尖锐；(3)发达国家与不发达国家、西方国家与非西方国家、大国与小国、非国家行为体和国家纵横交错、矛盾交织，构建出多中心网络世界，而这个多中心的网络世界又进一步与传统地缘政治、地缘经济融合，由此出现混沌局面，治理效能始终难有突破。

在这些不断涌现的议题中，本书主要聚焦环境、生态问题，原因有三：(1)尽管世界各国都将保护和建设生态环境作为基本国策，然而治理能力建设仍然赶不上生态环境退化、破坏的速度，生物多样性依旧持续流失、环境资源持续快速消耗、各类危机爆发频率明显提升、气候变化更在全球范围持续酿成灾害，“存在性威胁”日益严重；(2)一些以前从未预料到的生态环境子议题也浮出水面，譬如微塑料和海洋垃圾、雾霾和土壤污染问题,甚至新冠肺炎疫情(COVID-19)这样的全球卫生安全问题也和生态环境息息相关,这些新议题对环境治理理论将产生何种理论冲击,学界并无太多关注;(3)生态环境问题越来越不可能在单层面上获得解决,过去环境治理主要由环保部门负责,简单地说,就是对污染进行治理、资源开发利用尽可能高效化,划定生态保护红线;现在环境治理已经渗透到生产、生活的各个维度和各个环节,而各个维度和环节都出现了纷繁复杂的行为主体和利益纠葛,且不同议题之间影响、渗透的深度还在增加。人们还发现,也许某个环境子议题可能有办法解决,但不同议题、不同解决方法却可能出现合成谬误,由此部门化治理范式迫切需要向全政府、全社会、全领域范式转型。由此,也有必要关注不同领域、不同尺度、制度内外、国内外的治理机制复杂化现象。

显然,这种范式变化体现了国际体系的深层次演变,系统性增强、复杂性提升、蝴蝶效应彰显。学术界曾提炼出"机制复杂化"(regime complex)的术语,以描述不同领域、不同制度内外、不同尺度的治理机制出现的缠绕、交互、感应现象。这种复杂化对环境治理意味着什么,是正面的还是负面的,值得关注。这种复杂性导致越来越多的努力趋于无效,治理仍然赶不上退化、破坏的速度也就不奇怪了。环境问题越来越需要超越本身的范畴才能解决,这就提出了环境议题安全化的问题。很长一段时间内,环境都未被纳入安全议程,而在国际安全研究中,安全也一直与核武器、军事安全等高级政治议题捆绑在一起。冷战结束之后,许多学者试图从"存在性威胁"的角度界定环境议题。安全化不断提升环境议题政策议程、使环境治理获得更大推力的同时,也造成治理成本迅速上升并对其他领域形成了挤占和冲击。这就提出了维护环境安全对正常生产生活秩序的扰动是否超出了必要界限的问题,由此许多人反对将环境问题安全化,认为安全化对政策制定并无实际意义。的确,信息技术的广泛应用,社会系统性和流动性增强,安全化带来的后座效应不能忽视,这些效应甚至超出了安全化本身的效应,这必然引发对"环境安全"的思辨。总的来说,环境安全的目的是使环境在"常规治理"和"安全应对"两个层面融合衔接,前者确保环境议题不需要被当成安全议题来处理,后者确保"存在性威胁"出现时我们能及时采取与问题相匹配的紧急措施。

虽然环境议题安全化、政治化充分动员了政府和社会力量，世界各国也全力聚焦环境问题，但也不可避免地带来了环境问题话语权和治理承载力分配的竞争，环境问题作为国家利益组成部分的重要性上升。然而当前国际体系结构显著变化，新兴发展中大国整体性崛起，议价能力也大幅上升，而美欧等仍照旧全力维护基于自身承载力的秩序、制度安排和外交。这样围绕“谁为环境变化负主要责任、谁将是环境变化的主要受害者、谁将承担绝大多数治理费用”这些本来答案不言而喻的问题出现巨大分歧，博弈加剧。中美分别是最大的发展中国家和最大的发达国家，在维护全球环境安全方面有共同利益，譬如曾联合推进《巴黎协议》的签署，为应对气候变化注入强大动力，也指责对方不履行减排承诺、“不负责任”，拖世界后腿。可见，环境议题已深度嵌入中美关系大结构。特朗普执政以来奉行“美国优先”政策、不断撤出全球多边治理机制，中国则积极参与，党的十九大报告更明确提出要成为全球生态文明建设的重要参与者、贡献者、引领者。由此，中美在环境安全采取何种路径值得比较，本书对此做出了分析。

目 录

第二部分　环境安全中的新兴议题

第三部分　环境安全的中国路径

第四部分 环境安全的美国路径

第一部分

环境安全的理论争辩

第一章
环境变化主要议题和对国际关系的影响

第一节　当前主要的环境挑战

生态环境问题之所以得到日益重视，主要是因为日益频繁、显著严重的环境灾害，如气候变化、大气污染、森林锐减、土地荒漠化、洪涝灾害、生物多样性锐减，等等。尽管全球社会为应对危机付出了巨大努力，如1992年召开环境和发展大会、2002年在约翰内斯堡举行可持续发展大会，2012年召开“里约＋20”峰会，2016年推出联合国2030年可持续发展议程，但环境危机并没有呈现出缓解迹象。至关紧要的环境要素仍在恶化，譬如水、土壤、空气等各种灾害仍然层出不穷，2011年还发生了日本福岛核泄漏事故。2014年，联合国环境规划署又提出十大新兴问题，包括环境中过量的氮、各类新发现和再出现的传染病、鱼类和贝类养殖引发的海洋环境方面的担忧、非法野生生物贸易、水合物中的甲烷释放到大气、北极冰川环境条件的快速变化等。[1]与环境恶化这一趋势不相匹配的是，人类虽然想出了很多办法，但在执行力方面一直得不到改善。基于此，以下拟简要介绍当前人类面临的主要环境安全挑战，同时从“安全纽结”(security nexus)的视角强调这一挑战的复杂性与艰巨性。

一、土壤数量的减少与质量的退化

土壤是人类生产、生活、居住的根本基础。它具有多重功能，包括养分循环，水分保蓄，作为生物的栖息地和其多样性的保存地，保障物质的储存、过滤、缓冲和转化，保障物质供应等。然而，因为人类不合理的使用,目前土壤的数量正以惊人的速度减少,质量也在迅速退化。据联合国粮农组织的测算,未来 40 年全球总人口预计将增加到 97 亿,经济总量翻两番,农业用地需求将增加 3.2—8.5 亿公顷,这一数量超过地球总环境容量的 10%—45%,对全球土壤造成前所未有的压力。[2]然而当前土壤状况堪忧,不仅流失速率远远大于土壤形成速率,而且质量也得不到保障。2015 年 12 月,联合国粮农组织发表的《世界土壤资源状况》报告显示,世界大多数土地资源状况仅为一般、较差或者很差,目前 33%的土地因侵蚀、盐碱化、板结、酸化和化学污染而出现中度到高度退化,而更多实例显示土壤恶化的速度远超过改善的程度。[3]

概括说来,土壤面临威胁主要有 10 种,包括侵蚀、土壤有机碳丧失、养分不平衡、土壤酸化、土壤污染、水涝、土壤板结、地表硬化、土壤盐渍化和土壤生物多样性丧失。其中仅侵蚀一项,就导致全球每年 250—400 亿吨表土流失,谷物年产量损失约 760 万吨。[4]养分匮乏的问题也十分突出。在非洲,除三个国家之外,其他所有国家每年从土壤中提取的养分都超过其通过使用化肥、作物秸秆、粪便等有机物返回土壤的养分,而盐渍化影响了全球大约 76 万平方公里的土地——超过巴西的耕地总面积。在土壤质量下降的同时,土壤流失问题也日益严重,非洲人均耕地面积已由 20 世纪 60 年代的 0.5 公顷下降到目前的不足0.3 公顷,耕地质量降低、数量减少的主要原因是城市化和工业化引发过量的盐、酸和重金属的使用,重型机械使土壤板结,沥青和混凝土使土壤永久性密封等。土壤质量的恶化必然对粮食生产产生更多不利影响。而一些文献已发现,粮食危机可以成为导致冲突的主要诱因之一,人均卡路里摄入较低的国家更容易发生国内冲突[5]。

二、水资源危机日趋严重

水资源对人类有着基础意义,目前也陷入安全危机。水资源危机主要表现在供应短缺和污染严重两个方面。第一,供需矛盾日益尖锐。2006 年 3 月 22 日世界水资源论坛发布的《世界水资源开发报告》的数据显示,世界各地主要河流正以惊人的速度走向干涸,世界城市化进程、粮食和能源的生产、制造业的扩张消耗了越来越多的水资源,全球约有五分之一的人口无法获得安全饮用水，发展中国家有20多亿人得不到足够水源。十多年前人们就注意到这一情况，但至今未有改善。2015年的《世界水资源开发报告》指出，到2025年时，全球三分之二的人口将面临水资源短缺问题。到2030年，世界将出现“全球水亏缺”，即对水资源的需求和供给之间的差距可能高达40%[6]，其主因就在于人口激增、气候变化和城市化。同时，一旦受到污染，水资源就不能用于饮用、洗浴、工业或农业用途。水质不佳会损害人体健康，导致生态系统的服务功能退化。据估计，全世界超过80%的废水未经收集或处理。根据联合国教科文组织2016年发布的《2015年联合国世界水资源发展报告》，到2050年，全球用水量还会大幅增加。《2017年联合国世界水资源发展报告》显示，全球三分之二的人口生活在缺水地区，大约5亿人生活在水资源消费量为水资源再生量2倍的区域。缺水必然导致局部地区出现重大危机。例如，巴布几内亚成为全球干净水资源最贵、最难取得的国家，该国穷人必须花费过半收入，才能取得必要的用水。从全球范围看，约有6亿5 000万人口无法取得干净用水。此外，在中亚、南亚、湄公河流域等次区域，围绕水资源分配出现了许多国家间纷争，水资源分配问题几乎没有地区级别的综合方案来解决，且被高度政治化[7]。人类的过度索取是导致水资源短缺的重要原因。根据国际环保组织绿色和平发布的《煤炭产业如何加剧全球水危机报告》，全球有将近四分之一的煤电厂建在或计划建在地表水资源被过度取用的地区。燃煤电厂耗水量最高的几个国家分别是中国、印度、美国、哈萨克斯坦和加拿大，而这些地区本来就是缺水的。[8]水资源短缺不仅直接影响到人类的生存与生活，还造成其他次生灾害。例如，每年淡水生态多样性的退化速度就大于陆地和海洋。[9]第二，水污染日益严重。水资源的利用和水质紧密相关，未经处理的城市污水、农田径流和未充分处理的工业废水的排放的日益增加，导致世界各地的水质持续恶化。如果水质持续恶化，尤其缺水地区和干旱地区，将威胁人类和生态系统的健康，阻碍经济可持续发展。2015年的《联合国世界水资源发展报告》发布了水资源受到污染的情况：所有流经亚洲城市的河流均被污染；美国40%的水资源流域被加工食品废料、金属、肥料和杀虫剂污染；欧洲55条河流中，仅有5条河流的水质勉强能用；目前全球有8.84

亿人口仍在使用未经净化改善的饮用水源,26 亿人口未能使用得到改善的卫生设施,约有 30 亿人至 40 亿人的家中没有安全可靠的自来水;每年约有 350 万人的死因与供水不足和卫生状况不佳有关。[10] 2013 年,世界卫生组织发布了首个环境对健康影响的分析报告,根据统计,世界上许多国家正面临水污染和资源危机:每年有 300 万人至 400 万人死于和水污染有关的疾病。在发展中国家中,各类疾病有 80%是因为饮用不卫生的水而传播开来。每年全世界有 12 亿人因饮用污染水患病,1 500 万 5 岁以下儿童死于不洁水引发的疾病,每年死于霍乱、痢疾和疟疾等水污染引发的疾病的人数超过 500 万。全球每天有多达 6 000 名少年儿童因饮用水卫生状况恶劣死亡,在发展中国家,每年约有 6 000 万人死于腹泻,其中大部分是儿童。《2017 年联合国世界水资源发展报告》显示,全球范围内有将近 80%的污水没有经过处理就直接排放,仍有 24 亿人的卫生条件达不到标准要求[11]。

三、空气污染

空气污染对人类健康的威胁不仅在于其诱发各类呼吸道疾病,还在于它已成为最大的健康风险来源。世界卫生组织在 2016 年发布的报告指出,由细颗粒物 $PM_{2.5}$ 等导致的污染正在全球蔓延,每年约有 300 万人死于肺癌等相关疾病,空气污染"已成为人类健康所面临的最大环境风险"。世界卫生组织对卫星图片和地面约 3 000 处的观测结果分析也显示,全球 92%的人口居住在 $PM_{2.5}$ 超过世界卫生组织标准的地区。[12]联合国环境规划署(UNEP)认为,全球每年约有 10 亿人暴露在室外空气污染中,城市空气污染造成的经济损失约为发展中国家国内生产总值的 5%和发达国家国内生产总值的 2%。2012 年,世界卫生组织下属国际癌症研究机构首次确认大气污染可导致人类患癌,并能被视为普遍和主要的环境致癌物。世界卫生组织 2016 年发布《通过健康环境预防疾病:对环境风险疾病负担的全球评估》确认 2012 年全球由空气污染(包括接触二手烟)造成非传染性疾病死亡的人数高达 820 万人,占不健康环境造成死亡总人数的三分之二,其中 370 万人死亡是户外环境污染所致,大约 430 万人的死亡与室内空气污染有关。[13]

根据这一统计，全球每去世 8 人，其中至少有 1 人死于空气污染指数，死于空气污染的人数比 10 年前增长了 4 倍。这些数据充分说明，空气污染是可以造成直接生命损失的存在性威胁之一。

近年来，发达国家一直致力治理空气污染，形势却并不乐观。2015 年世界卫生组织和经济合作与发展组织发布的报告称，2010 年空气污染造成欧洲 60 万人过早死亡，导致各种疾病患病率上升，带来的经济损失高达 1.6 万亿美元，相当于欧盟国内生产总值的十分之一。欧洲 53 个国家中，至少 10 个国家因空气污染造成的卫生经济损失超过其国内生产总值的 20%。此外，欧洲地区约 90%的民众暴露于超标空气中，2012 年共造成 48.2 万人因罹患心脏病和呼吸疾病、血管问题、中风以及肺癌而过早死亡[14]。发达国家尚且如此，发展中国家形势更堪忧。据统计，低收入、中等收入国家中，88%的未成年人死亡是空气污染导致的，这一现象在西太平洋和东南亚地区最为严重[15]。对于发展经济的更迫切的需求造成发展中国家对环境污染有更高的容忍度，同时这些国家还极度匮乏相应的资金、技术，这又构成了治理空气污染的现实难题。

就中国的情况来看，近些年中国虽针对雾霾泛滥、空气严重污染进行了重点整治，但形势仍不容乐观。根据世界卫生组织的数据，在全球室外污染国家排名中，中国最高，每年超百万人口死于肮脏空气，每十万人平均死亡大约 76 人。[16]根据中国环境部发布的数据，2016 年，全国 338 个地级及以上城市中，有 84 个城市环境空气质量达标，占全部城市数的 24.9%；254 个城市环境空气质量超标，占 75.1%。2016 年，这些城市发生重度污染 2 464 天次、严重污染 784 天次，以 $PM_{2.5}$ 为首要污染物的天数占重度及以上污染天数的 80.3%，以 PM_{10} 为首要污染物的占 20.4%。其中，有 32 个城市重度及以上污染天数超过 30 天，分布在新疆、河北、山西、山东、河南、北京和陕西。[17]与其他发展中国家有所不同，中国在治理大气污染方面面临的最突出的挑战主要不是缺乏资金与技术，而在于观念转变、产业结构调整、生活方式革新，以及官员考核与监督体制等方面，这显然不是一蹴而就的事情，而是长期性、战略性的。

四、气候变化

气候变化无疑是当前对人类的生存威胁最为严重的议题之一。

2015年英国外交部发布的《气候变化：风险评估》指出，气候和人类关系的复杂性正引发系统性风险，这种相互作用使任何微小变化都可能导致逼近环境安全的“底线”和“临界值”，带来不可预见的后果。[18]首先，气候变化引发全球气温上升。据世界气象组织发布的报告，2001—2010年是自现代气象记录以来最热的10年。气温的升高导致北极冰川加速融化，随之而来的是海平面上升，这对沿海城市和海岛国家的生存构成了威胁。另外，气候变化还可以导致河流流量的减少，使国家可分配资源减少，引发争端。干旱和海平面上升引发的大规模移民，则很可能威胁到移民接受国的国家福利，甚至恶化其社会治安与经济形势。联合国国际减灾战略署（UNISDR）发布的《气象相关灾害给人类造成的损失》报告指出，过去20年超过90%灾害都是由洪水、风暴、热浪和其他天气事件引发的。天气灾害共造成60.6万人死亡，41亿人口受到伤害、无家可归或急需援助，造成的经济损失共近2万亿美元，占过去20年所有自然灾害造成损失总数的71%。2005年至2014年这10年间记录到的天气灾害，比1995年至2004年增加14%，比1985年至1994年增加几乎一倍。尽管发展中国家尤其是东亚、南亚、非洲国家因自身脆弱性遭受的实际损失更大，但美国、欧盟国家、日本因为气候升温、海啸、干旱所遭受的损失同样巨大，其中美国是遭受自然灾害频率最高的国家。[19]美国许多科学家认为，人类活动是引起气候变化的主要原因。[20]气候变化除了加剧传统的自然灾害之外，还带来了更多环境安全挑战。政府间气候变化专门委员会（IPCC）第五次评估报告更加肯定地说明了人类活动和气候变化的因果关系，并识别出了“新生风险”（emergent risk），其中包括：（1）随着生物多样性提供的生态服务逐渐缺失，气候变化对人类系统（如农业和水供给）造成的风险在增加；（2）气候变化框架下对水资源、土地和能源的管理导致的风险；（3）通过增加暴露度和脆弱性，气候变化可对人类健康产生不利影响；（4）与气候变化有关的灾害和各种脆弱性导致严重灾害和损失的风险在大城市和处于低洼海岸带的乡村地区非常高；（5）不同领域的影响在空间上的重叠可导致许多地区出现复合风险。比如，在北极，海冰的消融使得运输中断，损坏建筑或其他基础设施，甚至潜在地破坏了因纽特文化；由于海表温度上升和海洋酸化，密克罗尼西亚群岛、马里亚纳群岛、巴布亚新几内亚周边地区的珊瑚礁受到了极大的威胁。[21]

五、荒漠化与生物物种减少

荒漠化是指包括气候变异和人类活动在内的种种因素造成的干旱、半干旱和亚湿润干旱地区的土地退化。根据联合国环境署2016年发布的《全球环境展望》,目前全球40%以上的土地荒漠化严重,影响世界三分之一人口的生存状态。气候变暖导致占全球41%的干旱地区的土地不断退化,沙漠面积正在逐渐扩大。目前养活着21亿人口的干旱地区中,有10%到20%的土地已无法耕种,丧失了经济价值。非洲是沙漠化最严重的地区。据统计,非洲有大约三分之二的面积被沙漠和干旱土地所覆盖,世界上已经沙漠化的土地有一半在非洲。亚洲土地沙漠化现象也很严重,有一半以上的干旱地区已受到沙漠化的影响,其中中亚地区尤为严重。拉美和加勒比地区近四分之一的土地出现沙漠化,1.4亿居民的生产和生活受到沙漠化威胁。由于干旱和荒漠化,全世界每年大约失去240亿吨肥沃土壤和1 200万公顷耕地,这一面积相当于瑞士国土面积的三倍,而这些土地每年原本可以生产粮食2 000万吨。据估计,全球有74%的贫困人口会直接受到土地退化的影响,有5 000万人在未来的10年可能因为荒漠化而流离失所。土地退化作为人类活动的产物,既是贫困的原因,也是贫困的结果。[22]需要指出的是,与全球土地持续荒漠化的趋势相反,在我国持续防沙治沙的工作相当成功。荒漠化土地面积由20世纪末每年扩展1.04万平方公里,转变为目前每年缩减2 424平方公里;沙化土地面积由20世纪末每年扩展3 436平方公里,转变为每年缩减1 980平方公里,实现从沙进人退到绿进沙退的历史性转变。[23]

无论气候变化、土壤退化,还是水资源恶化,都会导致生物多样性的丧失。根据联合国环境规划署2012年报告所供的数字,自1970年到2012年以来,脊椎动物种群平均减少了30%,淡水种群减少了35%。自1980年以来,全球珊瑚礁减少了38%,红树林减少了20%,欧洲农田鸟类的种群数量平均减少了48%,北美洲的草地和旱地物种分别减少了28%和27%。[24]由于人类对于物种的研究和评估是很有限的,因此,实际濒危的物种很可能比这里列出的数字要多得多。造成物种加速灭绝的主要原因是人为因素,例如栖息地的丧失和退化、物种的过度开发、污染、入侵物种和疾病、气候变化、城市规模扩大,等等。2014年,全球足迹网络还与世界自然基金会、伦敦动物学学会共同完成了《地球生命力报告》,该报告提出了地球生命力指数,用以说明当前地球"生存性"受到威胁的程度。该指数主要用来衡量成千上万种脊椎动物的种群规模变化趋势,其核心指标是生物多样性。2016年最新的数据显示,从1970年至2012年,脊椎动物物种种群数量下降了58%。栖息地的减少和退化是造成动物种群数量下降的最普遍的威胁,而人类也日渐成为自然状况恶化的受害者。[25]

六、安全纽结

需要指出的是,不同类型的环境安全问题并不是彼此孤立的,而是相互影响、相互渗透、相互贯穿的,这种情况被称为"安全纽结"(security nexus)。[26]这一概念最开始出现于2010年美国进步中心(The Center for American Progress)网站发表的一篇文章。该文章在分析中国如何应对资源挑战时认为,中国的困境不只在于其庞大的人口,还在于其迅速的城市化与气候变化,两者都对食物、能源和水资源供应提出巨大的需求。然而除了水对农业的基本作用之外,对于各种资源限制讨论都是各自孤立的,对食物、能源和水资源三个体系之间的关联的关注很少。[27]继这篇文章之后,安全纽结的概念又被一些政策人士与学术文章所运用[28],对环境安全讨论产生了一定的影响。

纽结视角可以增加我们对水、能源、食物等不同生态要素之间的相互依赖关系的理解。综合各方面情况来看,目前生态的确处于峰极相逼、相互叠加的阶段,在经济全球化和全球气候变化的大背景下,各种类别的资源生态议题比以往更加紧密地缠绕在一起,生态挑战的复杂性与应对难度进一步增加。要理解安全纽结,就要理解其两种特性:传导性和议题联系性。传导性是指一种资源的匮乏也会传导到其他资源领域,而议题联系性则强调不同生态议题之间的联系机制,如自然资源的稀缺引发国家之间的争夺战、恶劣的自然环境对人类生存领域的入侵、生态移民的大规模迁移给国家带来的各种问题，等等。

安全纽结最开始主要用来形容能源—资源—环境等领域间的宽泛联系，后来被应用到土地—能源—粮食—水—矿藏等具体领域。但人们关注得最多的还是气候变化如何影响到水—粮食—能源这一安全纽结。根据贝克（Michael Bruce Beck）等人的分析，在水—粮食—能源这一纽结问题上要实现安全，水仍处于“平等但优先”的位置。[29] 具体影响可分成三对关系来观察。第一，水和能源的关系。能源生产、运输和使用都离不开水，页岩气开发更是大量水压力冲击的结果，而水——尤其和人健康直接相关的饮用水——的开采和运输也会耗费大量的能源。第二，水和粮食的关系。水资源匮乏会导致粮食产量的下降，反过来，确保粮食安全也需要大量的水资源。根据联合国最新发布的《2017 年联合国世界水资源发展报告》统计数据，目前 70％的水耗发生在农业领域。要更好地保障水资源的供应，就需要新的节水技术。[30] 第三，粮食和能源的关系。一方面，生物燃料的大规模使用引发粮食短缺；另一方面，粮食能源化生产也导致越来越多的耗费被花在化石燃料上，譬如肥料、收割加工过程中的能源支出等。纽结现象导致三个领域之间的复杂关系：对水资源的单独关注可能导致能源安全系数的下降或者粮食产量减少；过分强调粮食安全，水资源的需求也会加大，能源消耗随之上升；而能源安全地位上升，则可能意味着水和粮食也会受到负面影响。

安全纽结现象表明，生态系统诸要素是相互联接在一起的，且它们之间不一定是你好我也好或你坏我也坏的正相关关系，而是有时存在此升彼降的矛盾关联，从而使人类陷入左右为难的境地。可以说，安全纽结现象正前所未有地挑战人类的智慧，迫使我们从一个更加综合、整体的视角去应对环境安全的挑战。

第二节 环境威胁的测量

环境威胁日益严峻，了解这种风险和挑战到了何种程度十分重要，这也是国际社会与各国开展环境安全治理的前提。国际社会开发了很多具有开创性和重大影响的生态系统评估方法，如海因茨中心（The Heinz Center）开展的美国生态系统评估、美国国家科学研究委员会

(US National Research Council, NRC)开展的国家生态指标研究、联合国组织的千年生态系统评估(Millennium Ecosystem Assessment)、联合国环境规划署(United Nations Environment Programme, UNEP)的全球环境展望项目、美国耶鲁大学和哥伦比亚大学合作开发的环境可持续性指标(Environmental Sustainability Index, ESI)和学者开发出来的生态足迹(ecological footprint)评估等。另外,对于不同的生态系统,如湖泊、森林、湿地、草地、城市等,也有着不同的专项评价方法。

下面介绍几种有代表性的、目前主要采用的测量全球或主要国家的生态状态的方法。

第一,美国国家科学研究委员会开展的国家生态指标研究。美国生态监测工作起步较早,已经开发并应用了大量的生态指标,但是这些指标并未对整个美国的生态系统状态和变化趋势进行准确的评估,也无从指导全国环境政策的制定。为此,美国国家科学研究委员会建立了一个水生陆生环境监测评估指标委员会(Committee to Evaluate Indicators for Monitoring Aquatic and Terrestrial Environments)来研究制定一套能够为公众和决策者提供全美生态系统状态总体信息的生态指标,这些指标还能够阐明在自然或人文压力下生态系统将会如何变化。基于此,美国国家生态指标研究报告(简称 NRC 报告)主要关注整个美国的生态系统而非具体的物理环境指标(如全球平均温度、大气二氧化碳浓度等),更强调发展能反映生态过程和状态的指标(参见表 1.1)。

表 1.1　NRC 报告中的国家生态指标[31]

生态指标分类		推荐指标
生态系统的范围和状态		土地覆被 土地利用
生态资本	生物原材料	总生物多样性 本地物种多样性
生态功能	非生物原材料	营养流;土壤有机质
	生产力	碳储量;净初级生产
	其他	湖泊营养状态;溪流中氧浓度 养分利用效率和养分平衡 土壤有机质;土地利用

第二,海因茨中心(The Heinz Center)关于美国生态系统的评估。

海因茨中心是为纪念美国参议员约翰·海因茨(John Heinz)而成立的一家致力于恢复无党派环保主义(nonpartisan environmentalism)的研究机构。1995年,美国白宫科学与技术政策办公室(White House Office of Science and Technology Policy, OSTP)要求海因茨中心撰写一份没有党派偏见的、客观的国家环境状况报告,并建议重点关注生态系统。1997年后期,海因茨中心成立了一个工作委员会,其目标是用一个相对固定的方法对美国的生态系统状况和趋势定期进行重复评估,并出版相关报告。经过广泛的外部咨询后,《美国生态系统的状态》第一期报告于2002年发布。该报告旨在给美国的土地、水和生物等资源"号脉",提供高质量的、公正的、科学的、大众能够理解的、定期的报告。其指标体系遵循了以下三个要求:(1)力求刻画1950年以来各种指标的变化趋势;(2)在区域的基础上进行数据展示,便于用户进行区域比较;(3)与广为接受的参照标准进行比较。[32]

第三,千年生态系统评估(简称MA)。千年生态系统评估是时任联合国秘书长科菲·安南于2000年呼吁开展,2001年正式启动。该项目旨在通过评估生态系统变化对人类福祉所造成的后果,为采取行动改善生态系统的保护和可持续性利用奠定科学基础。全世界有1 360多名专家参与了千年评估的工作,其评估结果包含在5本技术报告和6个综合报告中。这些报告对全世界生态系统及其提供的服务功能(例如洁净水、食物、林产品、洪水控制和自然资源)的状况与趋势进行了最新的科学评估,并提出了恢复、保护或改善生态系统可持续利用状况的各种对策。根据这份研究报告,人类赖以生存的生态系统有60%正处于不断退化状态,地球上近三分之二的自然资源已经消耗殆尽;过去60年来全球开垦的土地比18世纪、19世纪的总和还要多,1985年以来使用的人工合成氮肥相当于此前72年的总量;过去50年里10%—30%的哺乳动物、鸟类和两栖类动物物种濒临灭绝。[33]

第四,联合国环境规划署的全球环境展望项目(Global Environment Outlook)。作为对《21世纪议程》的响应,环境规划署启动的该项目根据联合国制定的千年发展目标,每年选择十余个指标,在欧洲环境局提出的"驱动力—状态—响应"概念模型(DSR模型)的基础上,对大气、自然灾害、森林、生物多样性、沿海和海洋地区、淡水、城市地区和全球环境管理八个方面内容进行评估。1992 年里约环境与发展大会上，各国达成 500 多个需要实现的目标，以支持可持续发展和改善人类福祉。20 年后，第五次《全球环境展望报告》(GEO-5)对其中 90 项目标进行了评估，发现仅在全球减少生产和使用破坏臭氧层的物质、淘汰含铅汽油、提供更多更好的水源供应、促进减少海洋环境污染研究等 4 项目标上取得突破；40 项有进展，包括扩大国家公园等自然保护区、减少森林砍伐等；24 项目标几乎没有或完全没有取得进展，包括减缓气候变化、抗击沙漠化和干旱等；8 项目标出现恶化，包括世界鱼类资源、珊瑚礁、湿地等。该报告指出，如果继续保持当前的全球消费和生产趋势，可能会击穿环境方面几个至关重要的承受能力极限。一旦超出环境的可承受范围，生命赖以生存的地球机能将发生意想不到和基本上不可逆转的改变。[34]到 2016 年，联合国环境规划署已发表了 6 份《全球环境展望报告》。

第五，生态足迹评估。1996 年，加拿大哥伦比亚大学的威廉・里斯(William Rees)与他的学生瑞典学者马西斯・瓦克纳格尔(Mathis Wackernagel)共同提出了生态足迹概念，其定义是：任何已知人口(某个个人、某个城市或某个国家)的生态足迹是生产这些人口所消费的所有资源和吸纳这些人口所产生的所有废弃物所需要的生物生产土地的总面积和水资源量。将一个地区或国家的资源、能源消费同自己所拥有的生态能力进行比较，能判断一个国家或地区的发展是否处于生态承载力的范围内，以及是否具有安全性。[35]生态足迹不仅可以从全球层面进行测量，更广泛应用在区域和城市层面，譬如渥太华、东京、伦敦以及波罗的海沿岸地区。1997 年，瓦克纳格尔利用生态足迹方法对 52 个国家和地区进行了测试，涵盖了世界 80%的人口和 95%的总产出，结果表明：52 国的总生态承载力为 8 683.3 万平方千米，而总生态足迹却高达 1.172 亿平方千米，生态赤字高达 35%。2007 年"生态足迹"计算表明，人类生态耗竭已超过 50%，这表示地球需要 1.5 年时间来产生人类一年所用的可再生资源和吸收排放二氧化碳。换句话说，人类需要 1.5 个地球来满足生活和生产活动对资源的需求。[36]罗马俱乐部成员乔根・兰德斯对未来进行预测后也认为，2010 年的生态足迹已经超出地球承载力的40%，相比1970年，人类生态足迹确实增加了一倍。如果人类放任自流，地球将会崩溃。[37]

2014年，全球足迹网络还与世界自然基金会、伦敦动物学学会共同完成了《地球生命力报告》，其中提出了地球生命力指数，用以说明当前地球"生存性"受到威胁的程度。该指数主要用来衡量成千上万种脊椎动物的种群规模变化趋势，其核心指标是生物多样性。2016年最新的数据显示，从1970年至2012年，脊椎动物物种种群数量下降了58%。栖息地的减少和退化是造成动物种群数量下降的最普遍的威胁，而人类也日渐成为自然状况恶化的受害者。[38]

通过总结所述生态评估方式，可以发现当前生态系统评估存在着两个发展方向：其一是从科学的角度客观公正地评估生态系统的状态，其主要代表是美国国家科学研究委员的报告和海因茨报告；其二是为了服务于后续的政策干预，在生态系统状态评估基础上进一步分析生态系统与社会经济系统的联系，这种联系包括导致生态系统变化的人文因素、生态系统对人类福祉的贡献，其主要代表是千年系统评估和全球环境展望。但这两个方面并非截然分开的，事实上，第一个发展方向是生态系统评估的基础，第二个发展方向是生态系统评估的最终目标。只有把两者结合起来，才能得到既客观、公正又能为未来提供政策指引的评估框架。

值得注意的是，尽管上述评估都指出了生态环境日益恶化的趋势，但这种恶化趋势并非一定按线性发展。2009年，约翰·罗克斯特伦(Johann Rockstrom)提出"地球安全的界限"这一概念。根据这一概念，环境安全界限有着关键阈值，如果该阈值被突破，将产生不可接受的环境变化。目前定义地球安全的界限有9个过程，包括气候变化、生物多样性损失速率、氮磷循环干扰、平流层臭氧破坏、海洋酸化、全球淡水消耗、土地利用变化、化学品污染，以及大气中颗粒物的负荷。他指出，其中3个过程，即气候变化、生物多样性损失和氮磷循环干扰，已经突破了它们的安全界限。[39]安全界限概念提醒我们环境安全的危险性与紧迫性。国际社会必须高度重视，并紧急行动起来，采取切实措施遏止生态恶化的趋势。

第三节　环境问题对国际关系的影响

作为一个“低政治”问题,生态或环境问题长期被隔绝在国际关系研究之外。国际政治学家对所谓“生态威胁”的关注,只是1972年人类环境会议以来的事情。但是,随着生态环境问题浮出水面,以及一些子议题不断冲击“生存底线”,环境问题引起了国际社会的普遍关注。特别是近些年来,其在国际政策议程中的位置得到提升,一方面环境利益也成为国家利益的重要组成部分,另一方面其对国际关系的影响也越来越深刻。环境问题对国际关系的影响主要表现为两个层次:一是对国际关系具体运行的影响;二是对国际关系结构的影响。

一、对国际关系运行的影响

生态因素已渗透到国际关系具体实践的许多方面,具体体现为以下三点。

第一,国内环境恶化外溢引发外交事件,即一个国家内部的环境问题溢出边界,对该国与相关国家间的关系产生影响。环境问题大多天然具有跨越国界的公共性,常常使相邻甚至遥远国家都受到影响,且这种影响主要是负面的。譬如2011年日本福岛发生核电站泄漏事件,造成环境和周边海域污染,中国、韩国、俄罗斯、越南等邻国都监测到放射型物质。2013年印度尼西亚烧林垦荒产生严重烟雾污染,一些东南亚国家就污染事件提出抗议等。美国五大湖周边城市的工业污染引发的酸雨对美加两国边境地区的森林和野生生物构成了严重损害,使两国常常因为酸雨问题而对簿公堂,在经过长达15年的讨论、诉讼和外交交涉之后,两国才达成最终治理协议。由此,相关国家建立迅速敏捷的应对机制有利于减轻这种环境问题外溢的消极后果。2005年11月13日,中石油吉林石化分公司双苯厂发生爆炸事故,此次事故除了造成松花江、黑龙江、三江口区域等不同流域上下游、左右岸不同省、市、县之间的污染纠纷,也带来了中国与俄罗斯之间的跨国污染纠纷,甚至日本方面也提出污染物进入海洋,污染了日本海。[40]中国在处理问题过程中坚持及时、尽力和妥善的原则，事后与俄罗斯则构建地区层面联合监测，采取控制排污措施的双边合作机制，有效地控制了消极后果。对于非污染源国来说，在跨境污染事件中如果积极采取行动承担责任，则能成为促进相关国家关系的一个契机。不管如何，不时发生的国内环境问题外溢反映出跨国公共利益急需协商沟通解决，国际社会特别是地区各国应该建立相关的沟通与合作机制，尽早制定预案，避免相关环境问题的恶化，并防止其外溢到国家间关系的其他方面。

第二，环境恶化外溢到国内其他问题领域，引发国家内部社会危机和政治动荡，这种社会危机和政治动荡进一步外溢为国际性危机。达尔富尔问题曾是原苏丹国内的重大政治危机，并引发西方对苏丹的强烈批评与制裁，也是导致后来南苏丹建国的直接原因。2007 年，联合国秘书长潘基文撰文指出，气候变化是达尔富尔危机及政治和军事意外的问题根源，降雨量的不断下降使得食物和水源短缺，进而造成部族和民族冲突，最终演化为一场大悲剧和大危机。[41]索马里、科特迪瓦和布基纳法索等国家也存在因为环境恶化而酿成的国内冲突外溢到邻国的例子。除了冲突外溢，环境难民也越来越常见。瑞士日内瓦的境内流离失所者监控中心发现，由于气候变化加剧，遭受更极端影响的人口数量日益增多，目前自然灾害造成的民众迁徙已是人为冲突或者战争因素所导致的移民的 3—10 倍[42]。挪威难民委员会的流离失所监测中心（Internal Displacement Monitoring Centre）则称，从 2008 年至今，平均每年有 2 250 万人由于极端天气和气候变化引发的自然灾害而无家可归。[43]其中很多难民是跨国境流动，从而对相关国家间关系乃至地缘政治格局，都产生了深层次的影响。

第三，环境问题重新界定国家利益。随着生态环境问题对生产生活的影响越来越大，不同国家因为有着不同资源禀赋、人口、技术等能力，在全球环境治理中自然产生出不同的诉求。由此，对环境容量和发展空间的争夺成为国际主要政治集团核心内容。围绕这种争夺，世界主要大国都制定了自己的环境外交战略。譬如美国把气候危机纳入国家安全范畴并在全球范围内增加对脆弱地区的援助，美国国防部 1993 年成立了生态安全办公室，自 1995 年起，每年向总统和国会提交关于生态安全的年度报告。此外，美国还在世界 6 个城市设立了地区环保中心,其职责就是要密切关注美国在各种不同地区生态系统中的利益,譬如在哥斯达黎加、乌兹别克斯坦、埃塞俄比亚、尼泊尔、约旦、泰国等。1994年,美国国会通过《环境安全技术检验规划》,将环境安全纳入美国的防务之中。此外,美国还积极将贸易规范和环境标准挂钩,2014—2015年美国积极推行的《跨太平洋伙伴关系协定》(TTP)、《跨大西洋贸易与投资伙伴协定》(TTIP)就包括了环境高标准内容。美国还通过制定国际法律法规、向多边环境基金提供资金支持、支持环境科学研究参与环境治理,并和发展中国家展开保护环境与人类健康方面的国际合作。值得指出的是,美国积极推动环境外交、参与每一个环境协议的谈判并推进国际合作有整体性治理意义,但其背后更多的是自身的国家利益考量。这主要表现在,一方面美国积极将对自己有利的法律规则塞入国际法律框架,或者重新解读法律原则来实现自己的目的,另一方面在不利于自身时毫不犹豫地退出相关机制,譬如《京都议定书》《生物多样性公约》以及新近退出的《巴黎协定》等。显然,将生态环境问题纳入国家利益有利有弊,有利在于越来越多国家投入更多资源加大保护力度;不利在于生态环境本质上是一项全球性挑战,"具体国家追求利益最大化无法带来人类整体利益的最大化"[44]。确实,南北两大阵营的分裂是全球环境治理议程的突出现象,发达国家和发展中国家在生态环境问题上有着截然不同的诉求。发达国家希望进行整体性治理,试图在臭氧层保护、生物多样性、气候变化等议题上寻求突破并让发展中国家承担相应的成本,而发展中国家却希望坚持以经济增长和消灭贫困为核心,更愿意在市场准入、贸易、技术转让、发展援助和能力建设等方面取得实质性进展,对发展空间和环境容量有更多的需求。在环境责任的问题上,发达国家常试图将全球环境恶化归咎于发展中国家人口过度激增以及经济资源配置不合理、无效率增长,发展中国家却认为环境恶化主要源自发达国家的历史责任。南北阵营的分裂也延伸到相关大国的环境外交博弈。当然,随着环境问题的恶化,各方一般会将这种博弈控制在可控范围之内,不会为了某个具体的环境利益而彻底颠覆整体性的治理架构,如在气候变化问题上,"共同但有区别的责任"成为平衡发达国家与发展中国家权利与义务的共识,2015年12月12日,基于该共识,各国达成《巴黎协定》。尽管美国朗特普政府执政之后宣布退出《巴黎协定》，但世界其他大国仍坚持了原有承诺，说明环境利益有整体性也有局部性，但整体性仍具有相对于局部的优先性。

二、对国际关系结构的影响

除了具体实际运行层面的，生态因素还渗透到国际社会主体结构之中，深层次地改变了国际关系的整体面貌。

第一，环境领域的非政府组织成为重要的国际行为主体。非国家行为主体的地位上升和数量增多是国际体系的深层次变化之一，而环境安全是一个比较适合于非政府组织发挥作用的领域。原因主要在以下几个方面。首先，环境安全属于非传统安全议题，习惯于应对传统安全议题的国家对此多有不适应，这种不适应既表现在国家并不比其他行为主体掌握更多知识和信息，也表现在国家本身需要其他行为主体的监督，还表现在国家在许多场景不适宜发挥作用。其次，环境问题的跨国界公共属性使得跨国解决方案具有诸多缺陷，需要非国家行为体来发挥倡议、监督和执行作用。再次，环境问题产生的多元属性（如层次上有体系、国家、次国家三个层次，性质上有生产型、消费型、贫困型三种类型），使得相应的解决方案也需要包括非政府组织在内的多元主体。最后，环境安全问题的政治属性较弱，对国家的冲击力不是很强，非政府组织在这个领域发挥作用能较大程度地获得相应的活动空间。上述因素共同驱使环境非政府组织在环境安全治理中正扮演日益突出的角色，其中绿色和平组织的作用广为人知。一般来说，环境非政府组织主要借助自身的信息传播网络和道德规范力量在国际、国内两个层次发挥作用：在国际上，它们积极参与联合国体系，推动国际环境机制的形成和发展，积极监督和评估联合国有关环境的国际条约和决议的执行状况；在国内，它们积极参与公共政策制定，致力通过各种活动影响公众，对跨国公司、地方政府形成强大的压力。环境非政府组织的活动也确实取得了重要成果。近些年来，环境非政府组织参与重大国际会议已成为一种惯例，以国际气候谈判为例，非政府组织被允许以观察员身份参加《联合国气候变化框架公约》缔约方会议（COP）下的大部分正式、非正式谈判，并可通过在会期发放文件以及与谈判人员面对面交流来影响谈判进程。《巴黎协定》的最后达成,环境非政府组织的长期努力功不可没。

第二,国家主权的概念发生变化。全球生态系统是一个有机整体,它不以行政疆界为限,只遵循客观的自然规律,在空间上表现为连续性、互动性和整体性。然而从世界主权和政治上看,世界是分裂的:世界上有195个拥有主权的国家和35个地区,这些国家在法律上是平等的,不存在一个超国家的机构,而且国家对其疆域内的自然界及其资源拥有当然主权。从现实中看,一些国家从维护本国利益的视角出发,结果对全球保护环境的努力造成了损害。由此,全球乃至区域生态环境的治理就必须某种程度上超越国家主权,构建环境与资源管理的多边机制,甚至是建立超越国家主权的国际环境治理架构和规则体系。不难想象,这就要求国家让渡部分主权,而让渡部分主权给超国家组织或者国际机制往往需要国家反复权衡。尽管日益深入的全球化驱动下,这种权衡比以前容易得多,但许多国家仍多少抱有矛盾心理:当仅仅涉及生态保护、难民安置、水资源分享等技术工艺层面的治理时,它们愿意显得比较慷慨大度,主动出让一部分曾经属于主权范围下的权利和权力;而一旦触及比较敏感的国家安全、军事和政治利益等领域时,最典型的如国际核监督、资源信息等等,主权受到损害的意识便会增强,相应地,在行动上也变得比较谨慎,甚至有敌意(法国政府默许情报部门对新西兰等国的绿色和平组织的反核船只实施秘密爆炸行动就是典型案例)。生态问题如何进一步消蚀国家主权,以及国家如何应对这一主权挑战,都将对未来的国际关系造成深刻影响。

小　　结

目前生态环境挑战非常严峻,且依然处于长期恶化趋势。安全纽结和生态阈值的概念,进一步深化了我们对生态危机的认识。前者使我们认识到生态诸领域、要素之间有着难以割裂的复合联系,环境问题的根源因此更加复杂;后者则使我们意识到,生态问题并非总是线性、缓慢地变化下去,在某个时刻或许会以一种剧变方式呈现在我们面前,因此无论怎么重视环境安全都不为过。要维护环境安全,除了必须对当前传统的生态挑战如土壤数量与质量的退化、水污染加重、空气污染、气候变化、荒漠化和生物多样化减少等继续保持高强度的关注与应对外，也要对新出现的环境安全问题予以足够重视。确立环境安全治理体系的前提是对生态状况进行客观、公正的评估，在这方面，国际社会已发展出包括生态足迹在内的多种评估方法，为人类社会应对生态危机提供了客观依据。当前，许多国家已在自身责任与能力的范围内，在应对生态挑战方面做出了自己的努力，并形成了一些治理的制度形态。国际环境安全治理的最大挑战依旧是，在一个仍然由主权国家组成的国际社会里，如何形成有效应对生态危机的全球性努力。当前，生态问题已从权力博弈、国家利益和主权等角度对国际关系造成了深刻影响。反过来，如何通过国际关系架构与具体运行的调整来维护环境安全，应该成为各国共同考虑的问题。

注释

1. UNEP, "Emerging Issues in Our Global Environment", 2014, http://www.unep.org/yearbook/2014/.

2. Steven Banwart, Stefano Bernasconi, Jaap Bloem, "Soil Processes and Functions in Critical Zone Observatories: Hypotheses and Experimental Design," *Vadose Zone Journal*, Vol.10, No.3, 2011.

3. 联合国粮农组织:《世界土壤资源状况》,http://www.fao.org/3/a-i5199e.pdf。

4. 同上。

5. 何昌垂、玄理:《重塑国家之责:人的安全保护、冲突与治理》,载《国际安全研究》2014年第1期,第35—62页。

6. The UN World Water Development Report 2015, "Water for a Sustainable World," http://unesdoc.unesco.org/images/0023/002318/231823E.pdf.

7. 刘锦前、李立凡:《南亚水环境治理困局及其化解》,载《国际安全研究》2015年第3期,第136—154页。

8. Greenpeace, "the Great Water Grab: How the Coal Industry is Deepening the Global Water Crisis," http://www. environmentportal. in/files/file/The-Great-Water-Grab.pdf.

9. Water Aid, "Global Annual Review 2014—2015," http://www.wateraid.org/~/media/Files/UK/Global_Annual_Review_2014_15.pdf.

10. "WHO Releases Country Estimates on Air Pollution Exposure and Health Impact," World Water Development Report: Managing Water Report under Uncertainty and Risk, http://unesdoc.unesco.org/images/0021/002156/215644e.pdf.

11. 联合国教科文组织和世界水评估计划:《废水,未开发的资源》,http://unesdoc.unesco.org/images/0024/002475/247552c.pdf。

12. "WHO Releases Country Estimates on Air Pollution Exposure and Health Im-

pact," http://www.who.int/mediacentre/news/releases/2016/air-pollution-estimates/en/.

13. World Health Organization(WHO), "Preventing Disease through Healthy Environments: a Global Assessment of the Burden of Disease from Environmental Risks," http://apps.who.int/iris/bitstream/10665/204585/1/9789241565196_eng.pdf?ua=1.

14. 同上。

15. 同上。

16. 同上。

17. 中国环境保护部:《2016 中国环境状况公报》,2017 年 5 月 31 日,第 7、8 页。

18. David King, Daniel Schrag, Zhoudadi, Qi Ye and Arunabha, "Climate Change: A risk Assessment," http://www.csap.cam.ac.uk/media/uploads/files/1/climate-change-a-risk-assessment-v11.pdf.

19. UNISDR, "the Human Cost of Weather Disasters," http://www.cred.be/sites/default/files/HCWRD_2015.pdf.

20. 当然,气候怀疑主义者认为气候变暖是事实,却主要是太阳和地壳运动的结果,而不是人为原因所致。

21. 李莹、高歌、宋连春:《IPCC 第五次评估报告对气候变化风险及风险管理的新认识》,载《气候变化研究进展》2014 年 7 月,第 260—267 页。

22. UNCCD, *Desertification Land Degradation & Drought(DLDD): Some Global Facts & Figures*, http://www.unccd.int/Lists/SiteDocumentLibrary/WDCD/DLDD%20Facts.pdf.

23.《携手实现全球土地退化零增长目标》,http://www.forestry.gov.cn/main/72/content-1026521.html。

24. 联合国环境规划署:《全球环境展望 5》,2012 年,第 144—145 页,http://www.unep.org/。

25. World Wide Fund, *Living Planet Report 2016*, http://wwf.panda.org/about_our_earth/all_publications/lpr_2016/.

26. 国内也有学者翻译为"安全纽带",见于宏源:《浅析非洲的安全纽带威胁与中非合作》,载《西亚非洲》2013 年第 6 期,第 114—128 页。

27. Julian L. Wong, "The Food-Energy-Water Nexus: An Integrated Approach to Understanding China's Resource Challenges," The Center for American Progress, July 7, 2010, https://www.americanprogress.org/issues/security/news/2010/07/07/8115/the-food-energy-water-nexus-an-integrated-approach-to-understanding-chinas-resource-challenges/.

28. The World Economic Forum Water Initiative, *Water Security: The Water-Food-Energy-Climate Nexus*, Island Press, 2011.

29. Michael Bruce Beck and Rodrigo Villarroel Walker, "On Water Security Sustainability, and the Water-Food-Energy-Climate Nexus," *Environmental Science & Engineering*, Vol.7, No.5, October 2013, pp.626—639.

30. UNESCO, "Wastewater the Untapped Resources," *the United Nations World Water Development Report*, 2017.

31. 周杨明、于秀波、于贵瑞:《生态系统评估的国际案例及其经验》,载《地球科学进展》2008 年第 11 期,第 1209—1217 页。

32. The Heinz Center, *the State of the Nation's Ecosystems: Measuring the Lands, Waters and Living Resources of the United States*, New York, Cambridge University Press, 2002.

33. Millennium Ecosystem Assessment, *Ecosystems and Human Well-Being, A*

Framework for Assessment, Washington DC: Island Press, 2003.

34. 参见联合国环境规划署:《全球环境展望 5:我们未来想要的环境》,2012 年,http://www.unep.org/geo/sites/unep.org.geo/files/documents/geo5_chinese_0.pdf。

35. 张志强、徐中民、程国栋:《生态足迹的概念及计算模型》,载《生态经济》2000 年第 10 期,第 8—10 页。

36. 李琳、谢高地、曹涉艳等:《中国生态足迹报告 2010:生态承载力、城市与发展》,世界自然基金会,2010 年。

37. [挪]乔根·兰德斯:《2052:未来四十年的中国与世界》,秦学征等译,译林出版社 2013 年版,第 143—144 页。

38. World Wide Fund, *Living Planet Report 2016*, http://wwf.panda.org/about_our_earth/all_publications/lpr_2016/.

39. Johan Rockstrom, "A Safe Operating Space for Humanity," *Nature*, September 2009.

40. 谢永刚、王建丽、潘娟:《中俄跨境水污染灾害及区域减灾合作机制探讨》,载《东北亚论坛》2013 年第 4 期,第 82—91 页。

41. Ban Ki Moon, "A Climate Culprit in Darfur," *Washington Post*, June 16, 2007.

42. "Global Estimate 2015," http://www.internal-displacement.org/assets/library/Media/201507-globalEstimates-2015/20150713-global-estimates-2015-en-v1.pdf.

43. "Human Mobility, In the context of Climate Change UNFCCC, Paris-Cop21," http://www.internal-displacement.org/assets/publications/2015/201511-human-mobility-in-the-context-of-climate-change-unfccc-Paris-COP21.pdf.

44. 马跃堃:《环境外交要超越"唯国家利益论"》,载《公共外交季刊》2016 年第 1 期,第 29—34 页。

第二章

环境安全的理论思辨

20世纪70年代，学术界就启动了“环境安全”研究[1]。莱斯特·布朗(Lester R.Brown)在1977年发表的《重新定义国家安全》一文中指出，“对安全的威胁，来自国与国间关系的可能性较少，而来自人与自然间关系的可能性比较多”，“土壤侵蚀、地球基本生物系统的退化和石油储量枯竭，目前正威胁着每个国家的安全”。1983年，第38届联合国大会通过成立世界环境与发展委员的决议，该委员会主要任务是审查世界环境和发展的关键问题，创造性地提出解决这些问题的现实建议，提高个人、团体、企业界、研究机构和各国政府对环境与发展的认识水平。同年，理查德·乌尔曼在名为《重新定义安全》的文章中批评美国在冷战时期对国家安全的定义“过于狭窄”“过于军事化”[2]。杰西卡·马修斯(Jessica Matthews)在另外一篇著名同名论文中则明确主张，应该扩展国家安全定义，使其包括资源、环境和人口政策。马修斯提出，一些发展中国家甚至因为资源短缺、环境恶化而发生暴力冲突，政府无法应对，以致陷入“失败国家”行列。[3] 20世纪90年代发生的全球性环境公害事件，如温室效应、沙尘暴、水污染等，使人们对环境安全的认识不断深化。在罗马俱乐部、托马斯·霍默-迪克森(Thomas Homer-Dixon)以及巴里·布赞等哥本哈根学派学者的努力下，环境安全成为安全研究的重要组成部分，进入国家治理的核心政策议程，气候变化甚至成为国际社会最为关注的国际政策议程之一。事实上，随着城市化、工业化和市场化进展，大面积雾霾持续扩散，我国的环境政策和治理也在逐渐接纳这种安全话语，党的十八大和十八届五中全会都提出“推进美丽中国建设，为全球环境安全作出贡献”，习近平总书记第一次国家安全委员会讲话提出的“总体国家安全观”也包括环境安全、资源安全。纵观国内外，环境安全确实对环境治理产生了影响，譬如各国将环境治理提升至高政策议程，加大对资源生态环境投入，唤起民众对可持续发展的更多关注，驱动环境政策网络构建和政策工具创新。但也引发了负面情况，譬如过度关注重大突发环境事件、短时间大量投入而忽视常态化治理、过于注重“消极”的边界和底线而忽视“积极”好目标的实现，由此一些学者认为环境治理承担过多安全内容有所不妥。这就提出了如下问题，即环境安全化的过程和后果需要评估，这种评估是否积极的？如果是否定的，那么环境问题是否需要去安全化？这些理论问题尚需解答。

第一节　环境问题的“安全化”

从安全角度考虑环境问题并不是哥本哈根安全学派的创造，然而哥本哈根学派的安全化理论的确为环境安全化过程提供了理论工具。安全化理论核心论点是“安全是这个行为自身意见的表达”，包括三个相互连接的步骤：(1)识别存在性威胁；(2)采取紧急行动；(3)通过破坏和摆脱自由规则来影响单元间关系。[4]某个行为主体希望安全化某个议题必须首先识别“威胁”，识别者往往是安全化施动者。首先，施动者从自身的“言语—行动”开始，然而仅仅施动者自身的“言语—行动”并不能保证安全化的成功，要成功将某议题或者“威胁”安全化还得考虑安全话语行为的听众是否接受施动者宣称的共有价值受到挑战这一事实。国内学者认为这需要逻辑完整性和一致性，体现在因果、时间和道德三个方面。[5]最重要的是因果逻辑，即对事件发生原因的揭示，而这种揭示被认为是主体的“威胁”，至少“被认为”是对自身真实威胁。也就是说，安全化至少需要一种“威胁”被发现、被揭示，进而逐步为听众所接受。听众接受意味着施动者的价值、认知和知识的有效扩散，国内学者恰当地指出，在扩散进程中，媒体通过议程设置和框定常常发挥核心作用。[6]需要指出的是，这种价值、知识的认知和扩散并不是自由辩论的过程。巴里·布赞曾说：“接受并不意味着通过一种礼貌的、自由占优势的讨论；它只是意味着一种胁迫性命令同样影响到这种接受。”[7]可以看出，在安全化进程中，施动者和听众并不是平等关系，权力必不可少。施动者依靠掌握界定安全的权力并让界定安全的价值、知识被普遍接受，带来的后果是施动者和听众之间形成足够的“主体间性”，施动者被赋予了更多特权，即掌握了发现、解释和给出政策建议的完整“话语权”。当因果逻辑被听众广泛接受，施动者指定的“威胁代理”便从日常政治领域被提拔到危机政治领域，应对政策和方式也不再受正常的、民主的政策决策与规制的约束。这样施动者便获得解决问题所需的权力和资源，资源也加速自下而上流动。尽管安全化运行使“威胁代理”得到最大程度的聚焦，问题也相对容易解决，然而社会成本巨大，譬如惯常的生活节奏被打乱、个体自由被限制、生活方式被颠覆，由此安全化的实际运行时间也常常是短暂的。为了使安全化得以采取的诸多政策措施能够实施，需要衍生出一系列规范、价值和制度框架，而这些规范、价值经过传播、更替，进一步内化为各国具体法律条款、政府政策和不言而喻的行为，最终成为国际社会内部成为广为接受的规范、价值基础。

环境安全的确肇始于不断加剧的环境恶化，这被施动者定义为“存在性威胁”。20世纪70年代以前，人们并未意识到环境问题的存在，卡逊女士的《寂静的春天》、罗马俱乐部的《增长的极限》的发表使人们忽然意识到，持续的经济增长会极大破坏生态环境。国际社会随即召开人类环境会议并发布《人类环境宣言》，号召各国政府和人民为保护和改善环境而奋斗，此后各国也的确纷纷成立了专门性环境保护机构。尽管如此，全球环境恶化仍然持续，处于不同发展阶段的国家对如何保护环境产生了不同偏好，北方国家偏好纯粹的生态保护，南方国家偏好在发展中改善环境，这两种环境主义要形成共识、必须妥协，由此勃兰特夫人在1987年《天涯若比邻——我们共同的未来》创造性提出“可持续发展”。1992年，在“可持续发展”的指导思想下，世界环境和发展大会通过《地球宪章》、《21世纪议程》并签署《气候变化框架公约》《生物多样性公约》《防治荒漠化公约》。遗憾的是，无论气候变化、生物多样性还是荒漠化都未好转，仍在加速恶化。这种态势引发了生存主义者的担忧，加勒特·哈丁的《公地的悲剧》、莱斯特·布朗的《第二十九天》[8]、罗马俱乐部《增长的极限》向全人类发出呼吁，认为全球和世界主要地区因为多种原因生态系统都在持续不可逆转的退化，人类的生存和文明遭受致命毁坏。联合国千年生态系统评估、乔根·兰德斯对“过冲”和2052年的预测[9]、世界自然基金会《地球生命力报告2014》等各类统计数据都认为人类需要1.5个地球才能承载需求[10]，且未来越来越失去控制。同时，欧盟、美国等主要国际行为主体关于气候环境恶化讨论增多。欧盟竭尽全力推进国际多边谈判、国家层面积极实施环境安全政策、并运用国际贸易等多种手段推动其他国家跟进。[11]美国国内虽存在环境议题的两极争论，政策层面也退出《京都议定书》，但奥巴马政府执政时期却又把气候谈判和治理纳入国家安全体系[12]，2014年《中美气候联合声明》更明确提出“应对气候变化同时也将增强国家安全和国际安全”。再次，联合国安理会举行“气候变化与安全”讨论，秘书长潘基文在美国主流报纸《华盛顿邮报》撰文指出，气候变化造成的物和水资源缺乏等生态危机是达尔富尔冲突的起因。

尽管这种生存主义话语没有得到所有人的赞同[13]，譬如隆伯格等普罗米修斯主义者认为，自然资源、生态系统和自然本身的恶化并不存在且借助经济增长可以解决污染问题[14]，捷克前总统瓦茨拉夫·克劳斯更认为需要摆脱一边倒的意识垄断和环保暴力[15]，然而更多的学者、机构加入到生存主义话语的宣传中来。哥本哈根学派指出，“安全行为主体常常是言语—行为集团，这个角色中常见参与者是政治领袖、官僚机构、政府内阁、政治说客和压力集团”，即国家机器中的精英主体，全球层面同样如此。以阿尔·戈尔为代表的精英、政府间气候变化委员会(IPCC)、联合国相关机构，以及大量环保组织，通过报告、论坛、缔约方大会、视频、数据等多种形式，成功构建了全球生态系统可持续性的“共识”或者“主体间性”。其他维度的权力也与之配合。相信环境恶化对人类生存和发展造成颠覆性影响的公众比例迅速上升，连续五次气候变化评估发表之后，人们只要谈及环境和气候变化甚至可以联想到生死攸关的画面。[16]

第二节　对“环境安全”的质疑

环境问题安全化过程说明，环境“威胁意象”的生成并非一蹴而就，而是长期缓慢的过程,是科学话语与媒体宣传相辅相成的过程。然而"环境安全"并非没有争议,这个概念自诞生起就在安全化路径、概念、科学的因果关系等多方面遭受质疑。

第一,在安全化路径方面,莱斯特·布朗、杰西卡·马修斯、托马斯·霍默-迪克森等率先使用"环境安全"这一概念,然而他们对这一概念的运用涵义并不完全相同,至少在安全化路径上涵盖了三种。其一,环境与其他安全议题融合,譬如环境与冲突、环境与难民、环境与国防、环境与国家安全,以及军事手段介入环境争端等。这一路径通常强调环境因素如何引发或加剧相关安全争端,环境生态本身不是指涉对象。托马斯·霍默-迪克森指出,环境退化对国家安全的威胁需要经过四个相互关联的过程,即农业生产减少、经济衰退、人口流失,以及社会关系的紊乱,最后导致冲突,成为对国家安全的威胁。[17]其二,环境生态本身可成为安全的指涉对象,主要指人类活动引发环境容量和承载力下降,支撑经济社会发展的基础底线被逾越,有区域环境安全、国家环境安全、环境安全评估、环境安全预警和治理体系等次级议题。其三,用安全视角来看待生态系统,演化出环境安全、粮食安全、资源安全等新概念,这些新概念往往和数量、质量、价格等联系在一起。[18]既然环境安全存在大致三层含义,那么在政策实践和理论话语中使用哪一种含义就得看具体使用场景来分析。事实上,常见的国际关系研究文献中最常见的是第一种含义,即将环境与政治冲突、国家安全和外交利益相结合的分析;在可持续发展文献中更多是第二种含义,注重的也是对生态底线的防范,着力强调环境恶化对人类生产、生活产生的负面影响。

第二,作为国家政策指导的环境安全概念也具有模糊性。首先,大多数环境安全分析主要聚焦"安全",缺乏对环境本身的分析。格雷戈里·福斯特(Gregory D.Foster)指出,目前学术界对环境并无统一定义,常常含糊指涉人类生存的外在条件,如水、土壤、空气、生物多样性、森林等。然而,这些条件的恶化对人类造成何种威胁却并不清晰:是地区稳定、国家利益,还是国际地位?[19]就算被称为环境的外在条件恶化冲击国家利益、政治安全,调整措施也主要指向人与人的关系,环境和生态本身反而自觉不自觉地隐身了,环境状况是否好转难以识别。潜台词是环境是对象化的能够被管理的客体,而不是有着能动性的实体,也不再有着内在的规律发展过程和生命组织性，且与过去相比更为被动。由此可见，确立“环境”“安全”因果关联的诸多知识并没有赋予环境主体性的地位，反而使环境更加附庸于现行政治经济制度。其次，“安全”指的是什么并不确定。安全（security）本义是相对稳定、完整和没有威胁、恐惧的状态，以及维持上述状态的能力，这主要从国家生存的角度来考虑的。然而诺曼·迈尔斯（Norman Myers）却在他的经典著作《终极安全：政治稳定的环境基础》中认为，安全也适用于个体，表示“免受伤害的权利”包括水、粮食、居住、健康、就业等人类生存于世的基本条件，由此，包括水、粮食、稳定的气候等在内的环境便也成为其中不可分割的组成部分[20]。联合国在1994年提出“人的安全”概念，这一概念有两层含义：(1)免于饥饿、疾病和压迫的威胁；(2)日常生活免于突然和有害的扰乱。环境安全是其提出的七种安全之一。这样一来，安全不再是威胁、危害和危险，也意味着免于疑虑、恐惧、需求和欲望。不知不觉间，“安全”的涵义就从“存在性威胁”的“生存”层次提升到免于基本福利的损失即“优态共存”上来。[21]这样的“安全”，既可以用于个体，也可以用于国家，既指涉客观“生存性”威胁，也可以指涉更高层次的福利，安全几乎丧失了意义。

第三，环境安全的概念要成立，还必须搭建环境和安全之间的因果关联，这一因果关联很难说清楚。环境安全问题多数是指生态环境退化、逐步累积以致灾害最终爆发，这一进程中足以支撑经济社会正常运行的基础底线被逾越，进而影响到政治安全、社会稳定和国家利益。这说明环境安全是和底线联系在一起的，然而何谓底线并不容易确定。有时候被证明为不容逾越的底线却被现代技术所超越，譬如以色列和巴勒斯坦的水资源问题；有时觉得无所谓的环境事件却突然导致国家内部群体性事件和国家间冲突，譬如气候变化导致粮食减产，最终引发达尔富尔危机。重要的是，技术视角的底线也只有在已经产生后果的案例得到仔细挖掘后才能确定，那些尚未出现问题的地区则很难确定，这样就很难衍生出如何以安全名义操作的具体政策措施。基于以上原因，学者们认为，环境问题或者环境扰动能否演化成环境安全议题需要经过三部分推论。其一，环境恶化或者扰乱的潜在影响是否足够大到成为国家安全威胁，而这足够大难以判断。一般来说，安全意味着一定的防火墙和安全网，或者必须对生态系统被允许的干预范围设置限度。遗憾的是无论防火墙、安全网以及干预范围限度都需要对现代经济社会安排施加自我约束的额外措施，而这种额外措施何种意义上是恰当的却难以知晓。其二，环境威胁和后果之间的联系是否足够直接、易于确认，比方说石油污染引发加勒比海的金枪鱼大量减少，导致墨西哥渔民向美国加州移民，而这些移民因无法妥善就业又进一步引发社会骚乱，酿成政治问题。显然这种问题的框架是投机性的，并不清晰、直接和确切。我们很难说石油污染就可以称为美国国家安全问题。臭氧层和气候变化等议题也是如此，科学报告都说它们的发生起因和人类活动对地球的生物地理化学过程扰动有关，有着一系列异常复杂的影响和反馈，而这一复杂互动和反馈过程却难以被科学地理解，我们也很难说这种气候变化和某个具体的武装冲突有着直接的、确定的因果关系。其三，即使环境威胁是根本性的、确定无疑的、直接相关的，国家是否需要超越常规的应对措施？如果确实是，那么这种应对措施应当针对安全威胁全过程，还是针对威胁的部分环节？譬如大规模长时间的雾霾的成因既可能来自工厂，也可能来自以汽车为核心的现代消费主义生活方式，那么额外政策措施针对的是什么并不清晰。

既然并不是所有的环境挑战或者生态问题都可被认定为环境安全事件，那么在认定环境安全议题时必须区分不同种类、不同程度的环境关切，目前环境安全概念也仅仅将那些异常严重或者即将带来严重后果的环境问题纳入其范畴。从实际案例来看，环境问题成为安全议题其实很难得到准确说明，也为许多学者所否认。斯蒂芬·平克在《人性中的善良天使》指出，气候变化显然不可能导致大规模战争。[22] 历史一再揭示，大多数战争并非食品或水源等资源短缺，资源短缺也不会导致战争。20 世纪 30 年代的“黑色风暴”事件（指 1930—1940 年期间发生在北美的一系列沙尘暴侵袭事件）并未导致美国内战；印度洋海啸和日本“3·11”大地震也没有引发这两个国家和周边国家的冲突。近年来，武装冲突的调查报告并没能找出干旱或其他环境退化问题和战争的内在联系。尽管美国发布了一系列气候变化和美军军事基地关联的报告，这些报告发现气候变化至多增加军事基本的成本，并没有引发实际武装冲突。由此，罗伯特·杰维斯（Robert Jervis）、丹尼尔·德德尼

(Daniel Deudney)[23]、马克·利维(Marc Levy)甚至指出,将生态问题纳入国家安全范畴会造成严重负面政治后果,有"安全污染"之嫌,"我们被告知有时环境稀缺会导致暴力冲突,但是却不知道什么条件最有可能"。"即使环境构成诸多安全威胁是正确的,但对一个国家安全而言意义也不大。"环境冲突引发根源并不在于环境本身,而在于更宏观的社会根源,譬如政治、经济、社会结构等。[24]

第三节　环境安全的有限性

对环境安全的诸多质疑说明,"环境安全"的根本目的是实现环境的有效治理,保障环境质量,然而环境安全的核心机制却是国家代理人和政治精英就"威胁"的聚焦带来的政策议程设置、国家资源动员。环境安全确实孵化出一系列全球标准的规范和实践,譬如提升国家环境保护的责任,明确人体健康的环境标准,尽可能"利用更少的资源,生产更多的产品"、运用排放权交易等制度创新实现低成本减排、开发各类环境先进技术,等等。

显然,环境安全下的规范和技术实践对环境保护是有作用的,但并非没有缺陷。第一,环境安全概念显然没有意识到环境保护和生态系统维持的方式是多种多样的。从空间尺度看,环境问题存在于企业内部、地区、国家和全球;从类型和种类来看,分水、固体废弃物、土壤等;从成因来看,有贫困型、生产型和消费型。如何维护和治理环境需因地、因时并根据问题性质进行政策设计。[25]环境安全用理性主义、科学主义知识建构环境和安全的因果关联,这种因果关联将充满多样性、差异性和不平等的环境治理路径逼入高度类似、显著一致的环境管理主义,而环境管理主义认为环境安全治理只能用现代规划、恰当的政策框架和精细的技术标准来支撑。如果没有这样的作为,环境保护肯定不会实现。第二,环境安全达到"一般的、局部和有限的转移",即实现短暂的、中期的改善,从长期来看,老问题又以高级形式再现。[26]更重要的是,某地区某个具体类型的环境问题的安全化还常常导致关联的其他类别、其他地区环境问题的持续恶化。安全纽结的概念准确说明粮食、能源、水和气候变化与环境问题之间已经形成复杂关联。也许气候变化问题的安全化可使其获取更多治理投入,进而有所改善,而另外一些问题却可能因投入减少有所恶化,持续一段时间之后相互连通、纽带的所有问题都会恶化,反而找不到任何能够解决两难问题的方案。由此,环境安全治理走向整体性的失效。第三,地方—全球环境安全并不同步,南北矛盾更加突出。1992年环境与发展大会等系列多边会议和多维互动构造出的国际环境安全体系,国际环境安全体系要求世界各国采取“全球思考、地方行动”的方式,然而迄今为止发达国家成功的环境治理范式都是“地方思考、全球行动”,即千方百计从全球寻找解决自身环境问题办法,利用各国环境法规落差寻找“污染天堂”、以进口高污染产品替代本国生产、以出口低污染产品改善当地生态环境就成为“理性”选择。学术界的“污染避难所假说”(hypothesis of pollution haven)、“环境标准竞次假说”(race to the bottom)和“要素禀赋假说”(factor endowment hypothesis)都成功解释了发达国家通过污染和排放转移改善自身环境的同时也使全球环境恶化。世界自然基金会的《地球生命力指数》报告也证实,高收入国家环境状况持续改善,中等收入国家恶化,低收入国家显著恶化,环境容量和生态承载力正通过多渠道从南方向北方全面输送。这也从反面证明南方国家进一步融入世界市场和国际体系的过程会使得环境容量进一步向外转移,要保持环境质量,发展空间就得被相应压缩。

环境安全建立在话语构建之上,这类构建也会脱离客观实际。这主要表现在两个方面。第一,未构成安全威胁的环境议题被强行纳入安全议程,譬如某种昆虫的灭绝、轻微的交通尾气污染、与人没有直接关联的自然变动,等等。环境安全超越了问题性质和实际治理需要,这就是环境的过度安全化。“过度安全化”即国家代理人以特定话语将某类环境问题,如土壤污染、$PM_{2.5}$空气污染,定义为“存在性威胁”甚至定义为巨大的“存在性威胁”,但这一问题并未上升到这一程度,也就是主观认知的“威胁”严重超越客观现实,导致政策反应超过实际需要。更进一步,国家代理人还基于“假象的灾难情景,譬如大规模、瞬时性、灾难性后果,使威胁意象的严重性和紧迫性不仅远超客观现实甚至根本没有客观基础”,导致“超级安全化”,这方面的典型案例是跨界水污染。第二,“安全化不足”,即问题构成的真实威胁超越国家代理人对“威胁”

的“认知”，政治精英没有及时对“存在性威胁”进行充分识别和话语表达，更未就“威胁”制定实际安全政策。后果是安全事件发生之后，安全化未启动，有关部门只能以普通事务或者日常政治方式去应对真实的安全问题，导致危机没有及时解决，反而进一步加深。气候变化就是典型案例，2007 年被列为联合国安理会讨论事项，2014 年也被中美联合声明认定为国际安全和国家安全问题，但其安全化程度仍与实际威胁程度不相匹配。[27] 特朗普政府宣布退出《巴黎协定》之后，国际社会更开启了“去安全化”进程，许多受气候灾害影响严重的国家治理投入严重不足。

小　结

显然，环境安全并不只是纯粹的言语—行为，即施动者指定“威胁”、通过媒体渲染、框定并让听众接受“共有价值”和“威胁意象”的过程。但从客观事实来看，为保证全人类生存与发展所处的生态环境的可持续性，土地、水、生物多样性、地下矿产、大气等自然资源的永续利用，以及避免因为自然资源枯竭、资源生产率下降、环境污染和退化给社会生活和生产造成各类短期、长期的不利影响，国际和国家的最高决策者需要从全局角度承担主要责任，进行相当超前的预见和努力，由此从政策制定和政策资源动员的角度来看，环境安全这个概念和背后的运作机理是必要的。以安全思维定义环境问题，进行充分的政策制定和资源动员有着内在必要性。环境安全自然产生议程设置能力、资源动员能力和规范创新能力，也有助于环境问题的解决。遗憾的是，这个概念依然充满着矛盾性、思辨性和内在张力，无论“环境”“安全”这些概念本身，还是建立在科学主义基础之上的因果逻辑，都有值得质疑的地方，对环境保护的效果也需要重新审视。环境问题具有多样性、区域性、动态性，施动者掌握界定安全的权力，并让界定安全的价值、知识被普遍接受，这很容易导致思维的格式化，将不需要安全化的环境问题过度安全化或者需要安全化的问题的安全化程度反而不足。在安全思维的驱动下，许多地方采取了一系列超常规的制度和政策措施，反而导致环境安全的失败。因此，推进环境治理需要施动者所付出的最核心的努力还是根据问题的客观性,及时吸纳多方面建议,做出最符合实际的判断。

注释

1. 张海滨:《有关世界环境与安全研究中的若干问题》,载《国际政治研究》2008 年第 2 期,第 141—158 页。

2. R.H.Ullman,"Redefining Security," *International Security*, Vol.8, No.1, 1983.

3. J. Tuckman Mattews, "Redefining Security," *Foreign Affairs*, Vol. 68, No. 2, 1989, pp.162—177.

4. [英]巴瑞・布赞、[丹]奥利・维夫等主编:《新安全论》,朱宁译,浙江人民出版社 2003 年版,第 36 页。

5. 潘亚玲:《安全化、国际合作与国际规范的动态发展》,载《外交评论》2008 年 6 月,第 51—59 页。

6. 王凌:《安全化的路径分析——以中海油竞购优尼科为例》,载《当代亚太》2011 年第 5 期,第 74—97 页。

7. [英]巴瑞・布赞、[丹]奥利・维夫等主编:《新安全论》,第 56 页。

8. [美]莱斯特・R.布朗:《第二十九天:人类发展面临的威胁及其对策》,吴立夫等译,科学技术文献出版社 1986 年版。

9. [挪]乔根・兰德斯:《2052:未来四十年的中国与世界》,秦雪征、谭静、叶硕译,译林出版社 2013 年版,第 148—150 页。

10. WWW, Living Planet Report 2014, http://assets.worldwildlife.org/publications/723/files/original/WWF-LPR2014-low_res.pdf?1413912230&_ga=1.213492948.1301517005.1445503603.

11. 谢来辉:《为什么欧盟积极应对气候变化》,载《世界经济与政治》2012 年第 8 期,第 73—91 页。

12. 赵行姝:《气候变化与美国国家安全:美国官方的认知及其影响》,载《国际安全研究》2015 年第 5 期,第 107—129 页。

13. 生存主义和普罗米修斯主义的话语竞争,参见[澳]约翰・德赖泽克:《地缘政治学:环境话语》,蔺雪春、郭晨星译,山东大学出版社 2008 年版。

14. Bjørn Lomborg, *The Skeptical Environmentalist: Measuring the Real State of the World*, Cambridge: Cambridge University Press, 2001.

15. [捷克]瓦茨拉夫・克劳斯:《环保的暴力》,宋风云译,世界图书出版公司 2012 年版,第 111—113 页。

16. [英]尼古拉斯・斯特恩:《地球安全愿景:治理气候变化,创造繁荣进步新时代》,武锡申、曹荣湘译/校,社会科学出版社 2011 年版,第 164 页。

17. Thomas F. Homer-Dixon, "On the Threshold: Environmental Changes as Causes of Acute Conflict," *International Security*, Vol.16, No.2, 1991.

18. 李志斐:《环境安全化路径分析与治理体系构建》,载《教学与研究》2011 年第 1 期,第 63—70 页。

19. Gregory D. Foster, "Environmental Security: the Search for Strategic Legitimacy," *Armed Forces & Society*, Vol.27, No.3, 2001. pp.373—395.

20. Norman Myers, *Ultimate Security: the Environmental Basis of Political Stability*, New York: W.W. Norton, 1993, pp.31—32.

21. 余潇枫:《从危态对抗到优态共存——广义安全观与非传统安全战略的价值定位》,载《世界经济与政治》2004 年第 2 期,第 8—13 页。

22. [美]斯蒂芬·平克:《人性中的善良天使:暴力为什么会减少》,安雯译,中信出版社 2015 年版。

23. Daniel Deudney, "Environmental Security: A Critique," in Daniel Deudney, Richard A.Matthew, eds., *Contested Grounds: Security and Conflict in the new Environmental Politics*, Albany: State University of New York Press, 1999, pp.187—222.

24. Marc Levy, "Is the Environment a National Security Issue," *International Security*, Vol.20, No.21, 1995, pp.35—62.

25. World Bank, *World development report 1992: Development and the Environment*, New York: Oxford University Press, 1992, pp.9—13; Bai Xuemei, Imurab Hidefumi, "A Comparative Study of Urban Environment in East Asia: Stage Model of Urban Environmental Evolution," *International Review for Environmental Strategies*, Vol.1, No.1, 2000, pp.135—158.

26. [印]萨拉·萨卡:《生态社会主义还是生态资本主义》,张淑兰译,山东大学出版社 2008 年版,第 143 页。

27. 马欣等:《基于哥本哈根学派的中国气候安全化比较分析》,载《气候变化研究进展》2019 年第 15 期,第 693—699 页。

第三章

机制复杂化对环境安全的影响

环境问题产生于地球系统(earth system)这个复杂体系,该体系不仅包括人类活动,也包括天体物理、生物圈和无机界,且各类议题相互贯穿、渗透、互嵌,譬如气候变化、生物多样性和自然灾害,等等,功能上的相互依赖需要政策上的协调和沟通。然而,现实中的解决方案都是以议题为导向的,过度注重某个议题而极易对其他问题造成潜在甚至难以察觉的负面影响,最终导致整体局势恶化。议题间的联系常常超越人类的知识范畴和理解能力,因此在决策时,人们常常对这些联系关注不足或者认知不够。尽管 1972 年以来,在国际社会中,无论哪个领域,无论哪个层级,多边协议都以数量级、指数级增长,但人类社会越来越难以找到能够兼顾各方面、各层级的方案,环境治理的复杂化或者碎片化(fragmentation)日益普遍。复杂化不仅指个体、非政府组织等非国家行为主体的多样化,也指不同治理机制之间的相互作用、交互感应,以及引申出来的冲突、协同、合作等不同性质的现象。因为同属于环境议题,不同议题之间也会有各种联系,有些议题之间的联系高度碎片化,而有些议题之间的联系却完全一体化,譬如臭氧消耗机制高度垂直一体化,气候变化机制高度重叠,而森林机制高度分散化。当然也有两个机制应该高度一体化、相互联动却最终呈现碎片化的案例,譬如应对气候变化和保护森林,前者需要森林碳汇,保护森林有助于贮藏碳汇,然而实际运行时两者毫无关联。所有环境安全议题中,气候议题差不多垄断了国际环境治理的竞争场域,基本代表了国际环境事务的总体发展趋势,气候谈判一旦出现变化必然自动扩散到其他环境议题。[1]本章将以气候变化为重点,说明复杂化对环境安全的综合影响。

第一节　机制复杂化的三种类型

机制复杂化无疑是当前国际机制理论研究的最新领域[2]，无论是在横向的问题领域，还是在纵向的空间层次上，该议题都呈现出弥漫态势。事实上，最早对机制复杂化开展研究的是卡尔·罗斯特兰(Kal Raustiala)和戴维·维克多(David Victor)的经典论文《植物基因资源的机制复合体》[3]。根据斯蒂芬·克拉斯纳的解释，机制是行为主体围绕既定问题领域形成的一连串隐含或者明确的原则、规范、准则和决策程序，机制是国家用来实现自身利益并确保相互信守承诺的装置，形式是建立在单一条约之上、机制间相互独立且有着等级制。随着问题复杂化，与之相关的行为主体、利益、规范、政策工具越来越多，机制数量日益增多，机制间感应、互动日益频繁，然而感应和互动通道却越来越难以辨识。卡尔·罗斯特兰和戴维·维克多最早给出了机制复合体的核心定义，即机制复合体是某一特定问题领域的一系列部分重叠且非等级制度的机制组合。不同机制是不同组的行为主体构建而成的，这些行为主体可能重叠，也可能完全不同。然而，这些机制相互感应，共同构建的范围、性质、层级和时间等要素显著不同于单一机制，其演进规律也并不相同。[4]其后越来越多的学者对复杂化的成因、类型、过程与后果进行深入分析[5]。奥兰·扬将机制间的关系分成嵌入(embedding)、镶嵌(nesting)、聚集(clustering)和重叠(overlapping)四类，并对机制互动进行横向和纵向的划分。[6]机制互动有很多内容，譬如认知、规范、具体行为和影响，然而微观层面的互动驱动力究竟是什么并不清晰，还需要详细的经验性分析去说明。笔者认为机制复杂化的概念要比机制复合体宽泛，不同问题领域的复杂化也有着不同类型，类型不同，其产生演变的动力和路径也不同，对治理后果和各类行为主体的影响也相差甚远。

目前，机制复杂化主要有三种类型。

第一类是以某个机制为核心形成的机制复合体(regime complex)。[7]解决某个问题需要构建国际机制，而这个机制常常只是作为起点的原初机制。原初机制虽然规定了各项权利和义务,然而这种权利、义务常常存在"战略模糊"和不确定性,需要更加细致的协议和文本予以支持。原初机制也需要吸引更多数量和类型行为主体参与,以提升自身的合法性和治理效能,更好地应对未能预料的新情况,这样就需要衍生协议、备忘录和各种可能性支撑机制。这样,原初机制和这些次级机制之间就成功构成了机制复合体。原初机制和新的细致协议的关系值得探索,前者对后果的选择范围有所限制,由此复合体的扩张遵循一定的轨迹,但臃肿程度也和原初机制有着直接关联。显然,原初机制属于核心,后面更多、更细致的协议都是服务于该机制或者促进该机制落实,甚至可以是附属机制或者次级机制,这意味着机制复合体内部存在等级制。

第二类是具体问题领域内部形成的机制集群(regime cluster)。机制集群突出表现在不同行为主体围绕同一问题领域创造出不同的法律协议和制度安排,然而这些法律协议和制度安排并无共同认可的、能对它们之间的关系进行裁定的权威,结果就是核心机制达成的共识不会自动衍生、拓展到其他机制[8],因此机制间并无明确和隐含的联系。同一领域的机制为何增多?对此存在两种解释。一种是功能主义的解释,即当前机制难以满足问题解决的需要,利益攸关方为更好解决问题只能另行构建新机制,机制增多并和原有机制产生感应互动。另一种是政治学的解释,基欧汉和维克多认为利益高度分散,机制权利、义务分配的不确定性增多,所有行为主体也无法在某一机制中都获得自己想要的东西,由此激励部分国家构建机制的机会主义想法。奥兰·扬认为机制也有空间尺度,不同空间尺度的治理机制也会垂直交互,即全球和区域、次区域和双边等,次国家层面的机制也会对多边机制构成影响,因此机制集群不仅仅存在议题内部水平维度,即正式—非正式的划分,还可以有垂直维度的划分。

第三类是以不同问题领域交叉渗透造成的机制纽结[9]。全球环境系统的变化,不同问题领域的连通性、纽带性越来越强,某一具体问题领域的治理方案常常受到其他问题领域制度框架和实践的约束,纽结现象越发凸显。所谓纽结,其实是传导性和联系性。传导性是指某问题领域的治理机制传导到其他问题领域,而联系性则强调不同议题的渗透性，这两种属性导致具体问题很难在自身范围内得到解决，必须和相关领域的其他机制有所协同，譬如气候—能源—水—粮食问题渗透交叉密切[10]。罗斯特兰和维克多解释的植物基因资源就有五个源自不同领域的国际协议，而这五个国际协议通过基本机制（elemental regime）相互纽结，某个协议微小成分的变化很快传递到别的协议。机制纽结怎样产生？这可能是事物的本来面貌，即自然现象，即使是国内某个具问题领域的立法，也很难不受到其他问题法律法规的渗透影响。也就是说，伴随经济社会复杂性和管理制度密度的提升，不同领域机制的相互交叉渗透几乎是必然趋势。这就提出两个问题，即某个问题领域的核心机制和其他领域机制是何种关系？这些机制之间的关系是应该统摄还是根据实际治理的需要进行调整？对于这两个问题，显然无统一的答案。奥兰·扬也认为机制纽结可分为功能性和政治性两个类型，功能性居多，但人为构建的政治性也很常见。机制纽结也有水平和垂直两个维度，水平维度譬如全球环境和贸易议题交叉[11]；垂直维度也不鲜见，譬如贸易规则就对不同地区的森林治理、生物多样性有着不同的影响。因此，无论水平还是垂直，协同、摩擦、矛盾、冲突等性质各异的情况也都存在。

机制复杂化的三种类型说明国际社会不仅要关注围绕具体问题构建的机制，而且需要对机制发展变迁的背景和整个环境系统有更多关注。全球治理体系不同问题领域、不同维度、不同空间尺度的规则制定和执行系统相互影响、渗透、缠绕，各个治理难题基本不可能单独获得解决。这说明机制所处的系统环境出现了根本性的变化：(1)政府、市场和非政府等行为主体类型增多，多元多层的关系需要协调；(2)各种问题相互贯穿、渗透，不再有纯粹的政治、经济、贫困或者环境问题；(3)局部经验提炼出来的治理模式不可能适用于所有情况。[12]利利安娜・安多诺娃（Liliana B. Andonova）和马修・霍夫曼（Matthew J. Hoffmann）指出，目前从地方到全球、从社会到大型跨国网络囊括了不同行为主体，扩张的复合多元主义和全球治理空间的重新组织为治理实验创新作出巨大贡献，新的更加多元的道路和集体行动准则正在开启。[13]

第二节　气候治理体系的复杂化

全新的环境驱动几乎所有领域经历机制的复杂化,气候变化作为全球环境治理的核心议题更是如此。表 3.1 详细列出了气候机制复杂化的类别和表现形式。

表 3.1　气候机制复杂化的类型

<table>
<tr><td rowspan="5">围绕《联合国气候变化框架公约》展开</td><td rowspan="5">气候机制复合体</td><td>碳排放权交易体系/统计考核体系/碳汇</td></tr>
<tr><td>绿色气候基金(资金机制)</td></tr>
<tr><td>联合国政府间专家委员会(专家评估等等)</td></tr>
<tr><td>低碳技术转移和适用</td></tr>
<tr><td>减缓与适应</td></tr>
<tr><td rowspan="4">议题内部的机制多样化且涉及层次交互</td><td rowspan="4">机制集群</td><td>双边倡议、协议(中美、中法)</td></tr>
<tr><td>非正式机制,譬如亚太清洁机制等、伞形联盟等</td></tr>
<tr><td>次国家机制,譬如 C40 等</td></tr>
<tr><td>俱乐部(八国集团、二十国集团)等、世界银行等有关的涉及气候的项目、倡议、协议</td></tr>
<tr><td rowspan="4">议题嵌入</td><td rowspan="4">机制组结</td><td>《蒙特利尔议定书》《生物多样性公约》等公约、协议</td></tr>
<tr><td>民航、海事等领域</td></tr>
<tr><td>知识产权、贸易(WTO)、投资等领域清洁能源和低碳技术条款</td></tr>
<tr><td>更广泛的全球金融(融资和基金)、经济、军事、核技术、国家安全等</td></tr>
</table>

资料来源:作者自制。

首先,围绕《联合国气候变化框架公约》形成的机制复合体。《京都议定书》将国际社会分为承担不同权利义务的两大阵营,同时考虑到减排效率和成本,设置若干制度和政策创新,包括碳排放权交易体系、清洁发展机制、核查机制、资金技术机制等,构建起一整套呈现为聚合状的气候治理体系。然而各国经济发展、治理能力以及碳排放格局发生变化，权力和利益日益分散，国家诉求也有所不同，由此产生诸多博弈激烈的谈判联盟。2014年的《巴黎协定》实现了由自上而下向自下而上的模式转变，该模式要求各国自主决定贡献，并辅之五年定期更新和盘点机制，进而不断促使各缔约方“识别全球减缓合作努力与科学认知要求的差距”，进一步增强各缔约方自主减排行动的动力。相较于《京都议定书》，《巴黎协定》对资金机制、碳排放统计考核体系有了新的更细致的要求，谈判联盟更加分散化，执行机制也逐步成为独立运行的机制，机制复合体得到进一步展现。

其次，在水平和垂直两个维度构造的机制集群。在水平维度，《京都议定书》生效后，国际社会不仅分裂为各种谈判联盟，而城市、跨国公司等非国家行为体影响力也有所上升，这些行为主体出于各种目的构建了不同层次、形式各异的正式和非正式机制。在非正式机制方面，美国倡导成立了亚太清洁发展与气候伙伴关系（APP，2005年）、主要经济体能源与气候论坛（MEF，2009年），全球甲烷倡议（GMI，2004年）、主要经济体能源安全与气候变化会议（MEM，2007年）等，中国也倡导成立了基础四国气候变化部长级会议。多边机制和国际组织也陆续将气候议题作为核心工作议题，发布了自身业务与气候治理相关的政策文件，等等。二十国集团、八国集团等国际组织陆续发布了一系列的声明、倡议以进行政治推动；世界银行把气候融资绿色金融作为工作重点，全球环境基金将气候变化作为核心业务。在垂直维度，区域和次国家层次也出现了气候治理安排，欧盟、东盟等地区组织都将气候治理作为重要议题。美国和加拿大部分州共同出台《区域性温室气体倡议》（RGGI），C40等低碳城市联盟建立，微观层面上，低碳标识通过大企业联盟迅速扩张。显然，这些正式和非正式机制和框架公约之间形成了包含、竞争、补充、交叉、平行、取代等多种关系。[14]

再次，与其他领域的机制渗透、交叉形成的机制组结。气候变化与生产、生活息息相关，任何有效的深度治理都要求社会—政治、技术和经济系统、组织形式的转变，因此，相应的气候治理机制必然会和这些领域的制度安排联系起来。然而，不同领域的协同进展缓慢，在全球社会着力应对经济危机或金融危机期间，气候治理在全球治理体系中的位置也发生了变化，治理投入力度大幅减少，不仅预期中的减排目标没有实现,后来的哥本哈根谈判也出现重大失利。航海、航空、农业也是释放出大量温室气体的重要领域,但国际民航、海事和农业等相关组织并未构建与《京都议定书》融为一体的减排机制。更严峻的是,目前自由贸易还导致温室气体随着商品转移,国际气候制度设计围绕应坚持生产者责任还是消费者责任争论不休,在可预见的时间内尚无解决方案。此外,《联合国气候变化框架公约》的政策工具和次级议题也离不开国际社会的基础性机制,譬如绿色气候基金由世界银行托管,按照资本市场法则运行,以求效率的最大化。清洁能源、知识产权机制、金融市场机制等也深层次影响着气候治理体系的运行和实际成效。

第三节　气候机制复杂化的影响

机制是行为主体围绕问题解决建立的,因此,机制有效性一直是学界研究的重点,然而机制数量增多、相互渗透感应的复杂化对机制有效性和治理效果产生何种影响也得到了相当多的关注。学术界一般从运行与成效两个层面分析机制复杂化的影响。运行层面,机制复杂化确实拓展了各类行为主体参与的机会和渠道,相互之间的接触机会显著增多、信息流动更加充分[15],因此,各类行为主体获得了充分施展自身能力的机会。奥里尼·阿芒迪娜发现气候变化缔约方大会充满了各种类型的环保团体,而在臭氧层保护上却鲜有表现,原因也在于此。然而,复杂化的机制环境稀释了无政府状态—国际机制—国际合作因果联系,某项政策和行动符合某项机制,却违反另外一项机制,抵消了机制各自的规制效应,削弱了机制本身搭建的因果关系。《生物多样性公约》和知识产权贸易协议都是关系到基因保护以何种方式展开的主流机制,前者要求缔约方尊重生物基因资源的占有主权,后者则聚焦有利于基因资源的知识产权保护,互不相干的谈判架构和关键条款分歧使南北国家产生了激烈博弈,美国最终放弃签署《生物多样性公约》。复杂化还产生了权利、义务的再分配,无论是构建还是落实机制,都需要丰富的法律训练、技术知识和人力资本。显然,拥有人力资源禀赋的行为主体有利用复杂机制环境推进自身利益的额外动机,可以获得更多的议程设置、选择和构建的机会,强化自身谈判地位。奥巴马就意图构建和推进跨太平洋伙伴关系协定，这在对以世界贸易组织为基础的多边自由贸易体系产生竞争效应的同时，也体现出美国的大国权力。弗兰西斯·福山曾明确指出，美国在国际制度环境中游刃有余，通过创造竞争性机制获取了很大便利，也使相关国家获取额外的选择权[16]，后果是削弱了所有行为主体遵从法律义务的强迫感，反而产生全球制度公地。[17]也就是说，机制复杂化使某些关键行为主体可以逃避核心机制强制性义务，并故意构建相对宽松的、约束力不那么强的非正式机制。成效层面，机制复杂化往往使治理具体过程难以辨识，是改善还是恶化难以断定，引发经久不断的辩论。一些学者认为，复杂化避免核心机制失效或者因为核心国家退出造成失效[18]，还在机制间创造出竞争效应，激励核心机制的效率提升或者从更为整体的角度设计治理机制，C40 的技术领导力和规范创新能力就和《联合国气候变化框架公约》形成了某种程度的竞争，迫使《联合国气候变化框架公约》提升政策工具的运作效率。当然，机制复杂化也可能使核心机制臃肿、阻塞甚至湮没和崩溃。因此，机制复杂化究竟是积极还是消极占据上风不能一概而论，不同问题领域的不同复杂化效果也差异甚远。[19]

表 3.2　气候机制复杂化的积极意义

	行为主体	规　　范	机制层面
以《联合国气候变化框架公约》为主的机制复合体	普遍意义上的主权国家	共同但有区别的责任	《联合国气候变化框架公约》和《巴黎协定》形成主流地位
气候机制集群	更多的行为主体以更多的形式和渠道参与进来	为气候治理尽可能做出贡献并有所推进	协同，譬如中美双边协议；支持譬如八国集团、二十国集团的倡议；补充譬如中国的南南基金、C40 等
气候机制纽结	几乎所有的行为主体都直接间接参与	世界的复杂性	推动气候治理体系在各个领域渗透和落实，譬如清洁能源、航海航空、农业、森林等

资料来源：作者自制。

机制复杂化给气候治理造成何种影响难以辨识,机制增多确实扩宽了各层次、各领域行为主体的参与渠道,调动了各方面力量和积极性。目前,许多双边多边机制也都将低碳经济作为协议的重要内容,次国家机制C40也开发了一系列行之有效的符合城市实践的技术方案和行动路线图,推动了价值体系和技术知识向全社会的扩散,贸易、森林、生物多样性、减灾等诸多领域都逐步接纳低碳规范,联合国2030年可持续发展议程更将低碳经济作为核心目标。不容忽视的是,机制因复杂化也出现了一系列急需管控的问题。

首先,核心机制复合体更加臃肿,利益和规范两个维度的冲突都有所增强[20]。气候治理模式由自上而下的强制性减排向自下而上的"承诺+核查"转变,有助于国际社会协议的达成,然而"共同但有区别的责任"这一核心规范的内涵发生了质的变化。[21]公约内部的南北两大阵营几乎不复存在,谈判联盟不断分化组合,随着美国退出《巴黎协定》、欧盟和小岛联盟立场接近,中国承担了越来越多的发达国家的义务,利益碎片化加剧、整合难度加大。资金、技术等次级议题仍与《联合国气候变化框架公约》不协调的情况日益突出,中印等需履行发达国家的同等义务,却不能监督发达国家的履约状况,这不符合公约强调的"共同但有区别的责任",规范冲突态势明显。公约政策工具和技术议题的独立运营加大了公约整体的复杂程度。

其次,机制间竞争、摩擦、冲突有所增多。在水平维度上,气候变化议题已成为许多国际组织、多边峰会讨论的焦点,然而主要大国和谈判联盟围绕资金、技术和减排的博弈依然激烈,谁都不愿承担过多责任,结果出现了形形色色的公约外非正式机制。美国布什政府退出《京都议定书》后随即构建了一系列非正式机制,冲击公约的主流地位,又通过伞形联盟和正式机制的互动构建复杂化的机制环境。这种机制环境一方面成为诸多博弈主体展现自身利益和意愿的场所,另一方面也为许多其他国家提供了选择空间。在垂直维度上,C40等核心大城市减排联盟在城市实践层面发挥重要技术领导和规范创新作用,部分实现对框架公约领导力的替代。

再次,与主要领域的核心机制协同短期内难以实现。这主要表现在以下三方面:第一,议程设置受到更高级政治的冲击。2008年,全球主要国家以重振经济为施政重点，伞形联盟国家要么退出协议，要么无法明确表示无法履约；近期美国特朗普政府高度注重再工业化，再次退出《巴黎协定》，全球气候治理再次遭受冲击。第二，气候机制受到其他领域既有机制等制约。这些旧有机制在各自领域运转良好，《联合国气候变化框架公约》如何与其协同并无明确路径，也无有效切入点。例如，碳排放是生产者负责还是消费者负责的问题因涉及生产者和消费国的巨大利益调整当前无解，粮食、水、能源、农业等领域也存在类似情况。第三，公约核心政策工具受到市场规则的制约，资金机制并不遵循"共同但有区别的责任"，而是遵循效率原则，绿色气候基金因此由世界银行托管、被发达国家主导，发展中国家的代表性由此不足；低碳技术转移受到市场化的知识产权机制的制约，发展中国家，尤其像中国、印度这样的大国，不得不为低碳有益技术和工业减排技术付出更多成本。

表 3.3　气候机制复杂化的潜在不利影响

复杂化路径	行为主体	规　范	机制层面
气候机制复合体	美国等退出《京都议定书》和《巴黎协定》，对非政府组织吸纳不足	"共同但有区别的责任"涵义变化	一些次级机制，譬如资金、技术等机制中发展中国家代表性不足；不同谈判联盟导致机制内部分裂
气候机制集群	有可能重叠交叉，也有可能无关	体制选择，赋予美国等大国更多的自由度和行动空间	公约外非正式机制与公约形成矛盾、摩擦甚至竞争关系；C40 等城市联盟接管部分领导权
气候机制纽结	完全无关，也可能重叠	议程设置优先性和各种难以预料的影响	新建立的制度和现存制度的一致性问题，不同领域以意想不到的方式相互影响

资料来源：作者自制。

第四节　气候安全需要对复杂化进行协同

机制复杂化产生了难以辨识的后果，欧洲学者比尔曼认为，在国际社会中,无论是主体、制度还是规范,都有核心—边缘、主要—次要之分[22]。也有一些学者认为并不需要过分强调核心—边缘的划分,笔者认为,某个具体问题领域的核心国际机制仍能得到有效辨识[23]。《联合国气候变化框架公约》和《巴黎协定》是气候治理体系的核心机制,其他机制都围绕《联合国气候变化框架公约》产生影响并进行渗透,其他问题领域的机制也主要和《联合国气候变化框架公约》产生纽结效应。基欧汉和维克多认为,构建一体化的综合性气候治理体系不太可能[24],然而维护气候安全需要对复杂化进行起码的协同,目前最现实的路径便是技术层面协同、连接,协同、连接最有效的方式便是使机制碎片得到更多的啮合、感应、交融。国内学者认为,气候治理的行为体已异常多元,利益界定和行动过程更加复杂,关键是需要更加强有力的国际领导,尤其要提供方向型和理念型的领导。只有有效的国际领导才能帮助各类行为主体清晰界定自身的行为方向和相应成效,从顶层的角度强化凝聚力[25],进而确保环境安全。国际领导是一种政治解决方案,政治解决方案需要合作才能实现。在目前"反全球化"态势明显、世界主要大国有意从全球治理中退出的大背景下,政治解决方案似乎难以达成。国际学者试图从技术层面提出协议连接(connection)、制度联系(linkage)的解决路径。

显然,协议连接、制度联系没有普遍规律,更没有灵丹妙药,只能以实验主义精神尝试,机制秘书处往往扮演特殊角色。不同学者基于国家中心主义和多边主义的立场,对机制秘书处可以扮演的角色进行了激烈争辩。[26]事实上,机制复合体、机制集群、机制纽结大不相同,机制秘书处在协同过程中的功能承担也有显著差异。机制复合体的主要特征是内部碎片化,核心国家和机制秘书处需要提供国际领导,和不同的行为主体尽可能达成共识,结成最广泛的联盟,尽可能形成方向性的一致。机制集群有着不同的核心发起者和追随者,其核心诉求差异甚大,譬如在自由贸易方面有自由贸易协定(FTA)、跨太平洋伙伴关系协定和世界贸易组织等不同形式的多边主义,各机制秘书处之间就需要加强沟通和协调,看能否取得基本一致。机制集群和机制纽结在推进机制间对话和协同方面有共同之处,凯伦·斯科特(Karen Scott)认为存在三种技术路径。(1)签署谅解备忘录或者构建合作性制度安排,这方面多边环境机制最为典型,《生物多样性公约》和国际组织、大学、非政府组织、公园和其他多边环境协议签订了许多合作备忘录,建立信息通报、互派观察员、合作小组、联络官等不同形式的制度化沟通方式。(2)超越备忘录但尚未成为嵌入式(nesting),但机制间联系已成为更广泛或者更深入的合作活动的一部分。这方面案例有:《生物多样性公约》缔约方大会要求执行秘书处邀请相关的公约、机制和过程建立共同组建联络小组,以对生物多样性的各项工作进行综合评估;全球五个区域性金枪鱼捕捞协议联合开启"横滨进程",以协调相互的政策和行为;关于化学材料和有毒废物管理的《巴塞尔公约》《斯德哥尔摩公约》《鹿特丹公约》三个公约的秘书处建立共同工作小组,以推进制度化的信息交流和政策协调。(3)多边机制在执行层面相互支持,国家常常围绕某个多边协议产生争议,其他多边机制则基于自身政策立场对其中一方给予支持。英国西北海岸混合燃料污染引发爱尔兰和英国两国争议,虽然爱尔兰分别援引《联合国海洋法公约》以及《巴黎公约》对英国提起诉讼,但案件最终在欧盟框架内得以解决,尽管《海洋法》《巴黎公约》、欧盟等多边机制并无实质互动,却相互提供了政治和法律支持。确实,通过机制秘书处进行协议连接、强化制度联系能够取得成效,其缺陷却也是明显的:第一,未超越"共识",从备忘录签署到实际执行再到具体成效还有相当距离;第二,机制秘书处常常受到资金技术和组织能力等实践能力的制约,缺乏足够的协调能力和意愿;第三,未能为非政府组织、私营企业等其他行为主体的有效参与留下空间,这些主体可以发挥何种作用并不清晰。

和机制复杂化一致,在气候治理体系中,机制复合体、机制集群、机制组结实现协议连接和制度联系的路径和方法有所不同。机制复合体主要是内部谈判联盟的协同[27],尽管《巴黎协定》实现了治理模式转变[28],但谈判联盟仍在继续分化,企业、次国家和其他行为主体更为离散。在碳排放、资金、技术、核查等政策工具和技术性议题上,"区别"日益模糊,"共同"日益突出。中印等"基础四国"为维护核心规范付出了艰辛努力,明确要求增强发达国家履约的透明度和可核查性,然而效果极为有限,这一协同更多是政治博弈,短期内进展有限。机制集群的协同关键在于机制秘书处如何保持开放性和创新性。诸多国际组织、不同国际峰会发表的声明、倡议一般都支持公约谈判,因此集群协同的关键便是与公约存在竞争关系的机制。事实上,这些竞争性机制不同尺度、不同维度的技术实践提供了部分解决方案。实现机制集群协同一方面需要强化公约秘书处的开放性,给可能的技术方案或者创新性治理机制留下接口;另一方面,也需要竞争性机制明确自身定位,主动和公约秘书处对话,提升自身合法性、影响力和联动性。确实,《联合国气候变化框架公约》通过边会或者赋予不同行为主体咨商地位的形式给不同行为主体提供了参与渠道和窗口,然而仍需与亚太清洁发展与气候伙伴关系、C40 等机制的秘书处建立制度化的信息交流和通报机制,给各种地方性的创新努力予以尽可能的政治和物质支持。机制纽结目前最难以协同。纽结效应分为两种情况。第一,尽管在议程设置上受到经贸、军事、政治安全等"高政治"议题冲击,国际社会仍需确保将气候治理置于可持续发展议程的核心。第二,不同领域核心机制有着自身的核心规范、实践标准和过程,跨领域机制除了开展对话和信息通报、设立具体项目和联络小组,更需要用政治智慧来处理具体案例。欧盟试图长臂管辖航空减排,从机制衔接角度看,这两个领域有着自身的技术规范和统计方法学,如何将公约规范应用到行业减排仍不明确。低碳技术转让是另一个典型案例,低碳技术多属于高科技和工业核心技术,这种转让不仅涉及知识产权,还关系到以工业竞争力为核心的大国战略竞争,因此只能本着实验主义精神个案化的方式来处理,从符合条件的具体项目做起。此外,能源、农业、林业、海洋等领域也都有各自的规范和规则体系,如何增进与《联合国气候变化框架公约》的协同也需要各方面的支持和配合,遇到障碍时更应根据具体情况开展工作。

第五节　中国的应对

随着机制复杂化的进一步呈现、美国特朗普政府退出《巴黎协定》,中国因人口规模和经济快速发展态势被迅速推向治理前台。中美作为气候治理的关键引领者,在充分参与全球气候治理体系、以最低成本和最高收益的方式实现治理绩效、应对机制复杂化方面有所响应。然而,针对以公约和《巴黎协定》为核心的机制复合体、公约内外的机制集群,以及与其他领域相互影响、相互渗透的机制纽结，有着不同的应对策略。

应对机制复杂化需要足够有效的国际领导。机制复杂化一个重要原因是国际领导乏力，欧盟本来是气候治理的领导者，在规范创新、资金技术供给和实践成效方面都扮演极为积极的角色。然而，随着利益日益分散和欧盟政治经济困境的显现，欧盟的国际领导日益力不从心[29]，不仅在航空航海的跨国减排方面遭到中美的共同阻击，在《巴黎协定》达成的过程中甚至有所边缘化。目前，美国特朗普政府已退出《巴黎协定》，其缺乏国际领导和深度参与的意愿也异常明显。既然欧美在整合复杂化局面上都各自存在障碍和困难，这是否意味着中国可行？的确，中美合作推动了治理模式的转型，促成了《巴黎协定》。然而中国在碳排放统计、资金使用效率和技术储备方面与欧美仍相差甚远，这意味着中国即使有供给国际引领的政治意愿，也缺乏足够的技术支撑能力。因此，整合气候机制复杂化的国际引领需要中美政治合作，需要通过政治合作实现引领力的联合供给。在美国退出《巴黎协定》之后，中欧可就由美国领导的非正式机制与框架公约应如何互动感应、中欧美可就《联合国气候变化框架公约》与其他次国家机制的衔接进行讨论，进而强化机制秘书处的行动力。

机制复杂化有着不同类型，中国的基础能力还需要强化，技术层面的应对策略应以此为出发点，根据情况采取不同策略。对于机制复合体，中国的气候外交需要保持政策灵活性，一方面眼于巩固强化框架公约和巴黎协议主渠道，提升针对不同行为主体的协同能力，另一方面保持对各类政策工具和次级领域全过程、全领域的参与。譬如碳排放交易体系、绿色气候基金、适应基金等，许多都是由美国发起并且运营，中国应在这些方面强化与美国的合作，并尽可能在发展中国家代表性、实际运作方案、资金捐赠方面提出创新性建议，作出符合自身能力的贡献，形成治理合力。对于公约外的机制集群，中国应从推进大国关系和公约的关系双重视角来处理。事实上，中国加入了美国发起的一系列非正式机制如亚太清洁与气候伙伴关系、主要经济体能源安全与气候变化会议等，自身也发起了“基础四国”气候变化部长级会议，在二十国集团等多边场合积极推动《巴黎协定》的谈判和生效。可见，中国确实在推动水平维度机制集群的协同,并以此作为大国关系的重要内容,但在充分挖掘垂直层面的机制集群效能方面还应有更多作为,譬如C40这样的大城市减排联盟,以及市场机制驱动下的碳标识等。这都需要适当的制度分权和政策分权,拓宽行为主体的参与渠道,其中当然包括美国构建的机制中的渠道,这些渠道即使在特朗普政府退出之后也依然存在。因此,中国对机制集群的参与策略就应分层次、按国际—区域—双边—次国家分类处理,而分类处理显然需要大量精细化的外交操作和内部改革。对机制纽结来说,领域间渗透不仅仅是社会意义上的互动,还有一个科学理解的过程。显然,对全球气候治理体系许多交叉议题的科学理解还处于初级阶段,美国保持了相当的领域地位,中国应该与美国积极合作。在这种背景下,中国应做的就是分阶段,根据科学理解进化和机制间互动的成熟度做出安排,应根据自身能力适时适宜地推进与美国的合作,并尽可能利用这种复杂化效应带来的机会,推进与美国的合作。

注释

1. S.V.Scott, "the Securitization of Climate Change in World Politics: How Close have We Come and would Full Securitization Enhance the Efficacy of Global Climate Change Policy," *Review of European Community & International Environmental Law*, Vol.21, No.3, 2012, pp.220—230.

2. 王明国:《国际制度复杂性与东亚一体化进程》,载《当代亚太》2013年第1期,第4—32页。

3. Kal Raustiala and David G.Victor, "the Regime Complex for Plant Genetic Resources," *International Organization*, Vol.58, 2004, pp.277—279.

4. Ibid.

5. 详细介绍参见仇华飞、张邦娣:《欧美学者国际环境治理机制研究的新视角》,载《国外社会科学》2014年第5期,第49—57页。

6. [美]奥兰·扬:《世界事务中的治理》,陈玉刚、薄燕译,上海人民出版社2007年版。

7. 这里的机制复合体的概念内涵要远比许多学者使用的要狭窄,仅指核心机制构建以及衍生的部分。

8. Karen J. Alter, Sophie Meunier, " the Politics of International Regime Complexity, "*Perspective on Politics*, Vol.7. No.1, 2009, pp.13—24.

9. 纽结更能说明nexus的涵义。目前公开中文文献使用"纽带"一词的可参见于宏源:《浅析非洲的安全纽带威胁与中非合作》,载《西亚非洲》2013年第6期,但笔者参与的李少军主编的《国际安全概论》一书中,经过和任晓教授、李开盛研究员的讨论,纽结更能有效反映nexus一词的涵义。参见李少军主编:《国际安全概念》,中国社会科学出版社

2018 年版，第 199 页。

10. Karen N.Scott, "International Environmental Governance: Managing Fragmentation Through Institutional Connection," *Melbourne Journal of International Law*, Vol.12, 2011, pp.1—38; Franz Xazer Perrez, Daniel Zieggerer, "A Non-institutional Proposal to Strengthen International Environmental Governance," *Environmental Policy and Law*, Vol.38, 2008, pp.253—261.

11. [美]奥兰・扬:《世界事务中的治理》，第 156—161 页。

12. André Broome, Liam Clegg, Lena Rethel, "Global Governance and the Politics of Crisis," *Global Society: Journal of Interdisciplinary International Relations*, Vol.26, 2012, pp.3—17.

13. Liliana B.Andonova, Matthew J.Hoffmann, "From Rio to Rio and Beyond: Innovation in Global Environmental Governance," *Journal of Environment & Development*, Vol.21, 2012, pp.57—61.

14. 高翔、王文涛、戴彦德:《气候公约外多边机制对气候公约的影响》，载《世界经济与政治》2012 年第 4 期，第 59—71 页。

15. Amandine Orsini, "Multi-forum Non-state Actors: Navigating the Regime Complexes for Forestry and Genetic Resources," *Global Environmental Politics*, Vol. 13, 2013, pp.34—55.

16. Eero Palmujoki, "Fragmentation and Diversification of Climate Change Governance in International Society," *International Relations*, Vol.27, 2013, pp.180—201.

17. Daniel W.Drezner, "The Power and Peril of International Regime Complexity," *Perspective on Politics*, Vol.7, 2009, pp. 65—70.

18. Maria Ivanova, Jennifer Roy, "The Architecture of Global Environmental Governance: Pros and Cons of Multiplicity," Centerforunreform. org, May 25, 2018, http://www. centerforunreform.org/node/234.

19. 王明国:《机制复杂性及其对国际合作的影响》，载《外交评论》2012 年第 3 期，第 144—145 页。

20. 李慧明:《全球气候治理制度碎片化时代的国际领导及中国的战略选择》，载《当代亚太》2015 年第 4 期，第 128—156 页。

21. 汤伟:《迈向完整的国际领导——中国参与全球气候治理的角色分析》，载《社会科学》2017 年第 3 期，第 24—32 页。

22. Frank Biermann, Fariborzzelli, Philipp Pattberg and Harro Van Asselt, "The Architecture of Global Climate Governance: Setting the Stage," in Frank Biermann, Fariborzzelli, Philipp Pattberg, eds., *Global Climate Governance Beyond 2012*, Cambridge University Press, 2010.

23. Nils Simon, "Fragmentation in Global Governance Architectures: The Cases of the Chemicals and Biodiversity Cluster," www. wiscnetwork. org/porto2011/papers/WISC_2011-592.doc.

24. Robert O.Keohane, David Victor, "The Regime Complex for Climate Change," *Perspectives on Politics*, Vol.9, No.1, pp.7—23.

25. 李慧明:《全球气候治理制度碎片化时代的国际领导及中国的战略选择》，第 128—156 页。

26. 参见凯伦・斯科特与阿纳斯塔西娅・特莱塞茨基(Anastasia Telesetsky)的争辩，Karen N.Soctt, "International Environmental Governance: Managing Fragmentation through Institutional Connection," pp.1—40。

27. 李慧明:《全球气候治理制度碎片化时代的国际领导及中国的战略选择》,第128—156页。

28. 汤伟:《迈向完整的国际领导——中国参与全球气候治理的角色分析》,第24—32页。

29. 庞中英:《效果不彰的多边主义和国际领导赤字——兼论中国在国际集体行动中的领导责任》,载《世界经济与政治》2010年第6期,第4—18页。

第二部分

环境安全中的新兴议题

第四章

新兴议题 I:自然灾害

在诸多生态环境议题中,自然灾害因为其难以预测、毁坏巨大、发生瞬即、社会心理冲击剧烈的特点得到越来越多人的关注。联合国减灾署 2012 年报告指出,2000—2011 年灾害死亡总人数超 110 万,影响人口 27 亿,经济损失 1.3 万亿美元。[1]瑞士再保险公司对 1971—2011 年全球重大灾害的统计结果显示,自然灾害烈度和频率的持续上升,已对国家、地区和全球的和平发展构成重大挑战。[2]慕尼黑再保险公司的最新数据显示,2012 年自然灾害共造成全世界 1 600 亿美元损失和 9 500 人丧生,其中全部损失的 67%和保险损失的 90%与美国有关。这一数据虽与过去 10 年平均值(每年平均发生 395 次、直接损失 756 亿美元和伤亡 5.3 万人)相比有所降低[3],但 2008 年汶川地震、2011 年福岛地震、2012 年“桑迪”飓风显示出“地球愤怒”引致的关键性基础设施失效,会对国际体系造成深远影响。一些科学家预测,未来更为严酷的自然灾害还将持续出现,因此国际自然灾害治理的需求愈发迫切。本文拟对灾害治理机制框架方面所取得进展及不足进行初步分析,并对发展趋势做出展望。

第一节　共　　识

人类一直在与自然灾害的抗争中成长,并倾向将地震、暴雨、洪水、泥石流等破坏性自然事件等同于灾害。其实,灾害很少是纯自然力量的结果,无人居住的远洋小岛上的火山爆发就不是灾害,自然力量只有与人相结合并对人造成显著负面后果时才成为灾害。一般认为,应对灾害主要依赖技术,如高标准的建筑结构、巧妙的工程设计、先进的监测仪器和精确的地质测量等。然而大量研究发现,在复杂化、精细化的现代社会中,灾害治理中的体制构建比技术更紧要,而体制构建的核心是主体间关系。由此,灾害治理开始从“工程技术”向“社会构建”范式变迁。灾害治理的“社会构建”范式主要有以下几层含义。

第一,灾害烈度越来越通过伤亡和损失结果来体现,因此评估伤亡和损失可能性的脆弱性指标体系异常重要。国际非营利组织、世界卫生组织合作伙伴灾害流行病学研究中心 2012 年 7 月发布的《灾害数据年度评估 2011》认为,自然事件演变为灾害至少要含有下列四个条件中的一个:10 个或者 10 个以上的死亡人口、100 人以上的人群受到影响、权威机构宣布紧急状态、请求国际援助。[4]慕尼黑再保险公司对“重大自然灾害”采取和联合国一致的定义,即至少以下一种或多种情况发生:需要跨区域或国际援助;数千人死亡;数十万人无家可归;大量的全面损失;相当大的保险损失数据。与此同时,受灾地区难以依靠自身能力应对灾害。美国国家情报委员会最新发布的《全球趋势 2030》将自然灾害划分为灭绝性事件、周期性的有致命前景的灾害和比较频繁的普通灾害三个层次。2010 年,海地和智利先后遭受同等烈度的地震袭击,海地死亡数十万人、百万人无家可归,而智利仅近千人伤亡,显示出政府对建筑质量的不同要求和监管体制差异,也说明破坏性自然力量的潜在伤亡和损失很大程度上取决于发生地的经济社会系统和相应的制度安排。[5]既然灾害嵌入经济社会系统,那么经济社会系统对灾害抵抗力的评估便成为学术界和各类团体研究的热点。目前,按照空间尺度积累的丰富知识和信息数据,全球最突出的是灾害风险指标计划(DRI)、多发区指标体系(Hotspots)、美洲计划(American Programme)三大衡量指标。发展工作联盟、联合国大学环境和人类安全研究所发布《世界风险报告》对 173 个国家的自然灾害风险系数进行排序,其中太平洋岛国瓦努图的灾害指数最高,为 36.31 个百分点;马耳他和卡塔尔最低,分别为 0.61 个和 0.10 个百分点,大洋洲、东南亚、中美洲和加勒比海、南萨赫勒地区亦为灾害热点。[6]此外,一些组织和研究人员还开发出地区性和城市灾害风险指标体系。

第二,灾害成因的“人为”特性越来越明显,主要表现在以下三个方面。一是经济活动造成的环境恶化越来越成为灾害发生和扩大的显著原因。环境恶化按照经济成因可分为贫困型、生产型、消费型,《世界风险报告》就此列举出一系列案例。贫困型环境恶化,譬如巴基斯坦为生计所迫的乱砍滥伐、植被破坏致使土壤流失、洪水肆虐、山体滑坡;生产型环境恶化,譬如中国矿藏挖掘导致的山体塌陷、大坝构造引发的地质灾害,以及水资源过度汲取产生的干旱、地面塌陷等;消费型环境恶化,譬如印度尼西亚海洋旅游开发破坏珊瑚礁、滨海红树林,削弱洪水和风暴潮防护能力。二是全球尤其是发展中大国政策驱动的城市化。无序蔓延的城市化使城市不断扩张、改建、新建,大量土石移动、地下工程开挖造成一系列地质灾害。城市化还改变内部气候,使降雨量和强度大增、洪涝灾害频率和几率成倍增加。联合国亚太经济及社会理事会发布的《2012年亚太地区灾害报告》指出,城市化迫使人类活动范围延伸到脆弱或危险区域,贫困人群和其他弱势群体遭受灾害风险的概率趋于增大。[7]城市化还消耗大量石油、天然气、煤炭、木材、铁矿石等能源资源,使城市内部湿地和外部森林、草地等生态系统的服务功能退化,增大自然灾害爆发的几率和影响。三是工业革命释放的超量温室气体引致的气候变化。2011年11月,由政府间气候变化委员会(IPCC)编写的《管理极端事件和灾害风险推进气候变化适应特别报告》指出,不断变化的气候导致极端天气和气候事件在频率、强度、空间范围、持续和发生时间上的变化,使经济损失持续攀升,其中发达国家灾害经济损失(包括保险覆盖的损失)更高,发展中国家的损失占其国内生产总值的比重更大。2012年12月多哈谈判期间,世界银行发布的《阿拉伯国家适应气候变化》报告指出,1981—2010年,暴风雨、洪水、干旱等气候相关灾害的强度和频率迅猛上升,共导致约140万人死亡,受影响人口超过55亿。此外,沙尘暴、山崩、泥石流等次生灾害也更为频繁。[8]如果说龙卷风、干旱等短期极端事件冲击人们正常生产与生活,那么长期气候变迁则很可能改变局部甚至整个区域生态系统,对社会生产基础造成摧毁性影响。

第三,"多重灾害"(multiple hazard)成为常态。多重灾害并非指不同类型自然灾害短时间内对同一主体的反复袭击,而指灾害在经济社会系统内部构造出的链发和群发效应。[9]链发效应即自然灾害破坏一定地理区域内的经济社会结构,诱发、衍生一系列经济社会功能的紊乱，譬如人员大量伤亡、能源供应突然停顿、粮食和水的匮乏、大规模流徙甚至暴乱等，日本福岛地震、印度洋海啸和美国新奥尔良飓风都是典型案例。群发效应指具体时空条件下灾害袭击的延续和扩散效应，这种效应由点及面扩散至全球，如“卡特里娜”(Katrina)和“丽塔”(Rita)飓风对世界石油价格产生影响，福岛地震导致全球核电产业的暂时停滞。灾害多重性说明国际体系复杂化、精密化引致的议题交叠性和“蝴蝶效应”彰显，地方性灾害越来越具有全球影响力。以前颇为有效的单个灾害治理框架逐渐失效，如何搭建相互衔接的多重政策框架考验着国际社会的智慧。

第四，对政治稳定造成冲击。公元前5世纪伯罗奔尼撒战争期间，地震引发斯巴达内部叛乱，2007年联合国环境署《苏丹：冲突后环境评估》认为气候干旱导致的粮食减少为达尔富尔危机推波助澜，巴基斯坦宗教极端主义、经济溃败和局势动荡等国家失败现象对灾害负有直接责任。这些案例都说明灾害和政治的内在联系。查尔斯·凯格利认为，自然灾害加剧南方国家的不稳定，贫穷国家被迫将大量优质资源投向防灾减灾领域，造成发展资源稀缺、绩效低下。[10]一些研究人员梳理历史数据后发现，灾害的确提升了冲突和内战发生的几率，那些显著不平等、政治机制衰落和经济增长缓慢的中低收入国家遭受灾害袭击时，全面危机极易爆发。学者们利用动机、激励和机会三个概念对此进行解释：动机通常由贫困、不平等、社会排斥塑造；激励表示稀缺资源竞争加剧、政府面对灾害无力应对，边缘群体便产生从“天灾”到“人祸”的心理暗示，进而衍生出反对现行政治经济架构的动机；机会则指国家遭受灾害袭击时政治和行政能力下降，产生日常政治没有的缝隙。自然灾害由此便与广泛的经济和政治变革要求挂起钩来。然而，巨灾如果发生于失败国家，国际社会该如何作为？发达国家是否应该承担“保护的责任”？[11]

自然灾害中断正常经济社会秩序，也造成某种程度政治动荡。然而，同样技术级别的灾害却会产生差异显著的损失后果，说明灾害对经济社会体制的嵌入性，正是这种嵌入性使灾害治理成为可持续发展议程的重要组成部分。2002年南非约翰内斯堡世界可持续峰会将灾害列为重要议题；2005年世界减灾大会通过了《2005—2015年兵库行动框架(HFA)》,该框架列出三大减灾战略目标:“将减灾整合进可持续发展政策和规划,从制度、机制和能力建设方面发展和加强应对灾害的复原力建设,在紧急准备、应对和复苏等项目上建设减灾系统”;2012年里约+20峰会将灾害列为七大焦点议题之一,认为应将减灾及适应能力建设整合进2015年可持续发展目标和议程,构建更富成效的防灾减灾国际体制。在中国,党的十八大报告也将加强防灾减灾体系建设,提高气象、地质、地震灾害防御能力作为生态文明建设的重要内容。由此可见,可持续发展已成为灾害治理的基础性规范。

第二节　进　　展

自然灾害对国际体系的强大冲击使防灾减灾成为全球治理重要议程,也使可持续发展成为灾害治理的核心规范。在此规范指引下,国际灾害治理取得显著进展。

首先,多边主义机制框架成绩显著。一般认为,防灾减灾的国际合作主要通过政府间双边协议或者临时性安排,多边主义作用极为有限。其实早在1971年,联合国为更好协调全球救灾行动就创立救灾协调办公室,此后许多灾害科技专家又在联合国框架内竭力推进救灾治理的机制化。1989年,联合国大会宣布1990—1999年国际减灾十年规划,要求所有国家将防灾减灾列为重要议程,并要求工业化国家对脆弱的发展中国家进行财政、技术和知识援助。1994年,世界减灾大会通过具有里程碑意义的横滨战略,要求加强区域和国际间合作,并明确指出国家在保护公民免受自然灾害后果方面负有主权责任。1999年联合国经济和社会理事会发起国际减灾战略,建立联合国减灾署。2000年,“加紧合作以减少自然灾害和人为灾害的次数和影响”被纳入联合国千年宣言目标。2005年在日本兵库召开的世界减灾大会通过了《2005—2015年兵库行动框架:提高国家和社区的抗灾力》(HFA,以下简称《兵库行动框架》),该文件被联合国大会成员国批准,用于指导减少由自然致灾因子和人为活动导致的脆弱性和风险,此后灾害治理跨国合作迅速发展。为将《兵库行动框架》的诸多计划和目标更好地付诸实践,2007年联合国大会又搭建了两年一次的行动平台,允许政府代表、非政府组织、科学家、私营部门、联合国内部机构共享防灾减灾经验和战略建议。[12]此外，联合国还构建紧急救援通报机制、人道主义募捐"联合呼吁程序"(The Consolidated Appeals Process, CAP)，以及"中央应急基金"等。这些重要多边机制使联合国在重大灾害发生时能及时汇集人力和物质资源，以尽可能避免最糟糕情景(worst scenario)。

其次，水平和垂直两个维度的协同性大大增强。水平维度表示不同议题领域的制度安排对灾害治理的影响，因此制度间协同异常关键。尽管《21世纪议程》《伊斯坦布尔宣言》、千年发展目标、约翰内斯堡执行计划(JPOI)、"里约＋20"峰会成果文件等也都含有防灾减灾内容，但均以可持续发展作为灾害治理的目标，相互兼容，和《兵库行动框架》的协同性得以保证。[13]灾害治理需要大量资金、技术、信息和数据积累，如定位搜救、综合遥感、地理信息和数据网络等，这些治理工具多为发达国家掌握，南北国家固有的政治鸿沟以及强调知识产权技术转让的机制与灾害治理需求形成冲突，所幸的是，几乎所有国际协议都呼吁发达国家向发展中国家提供免费技术转让、资金援助和信息数据共享。垂直维度表示灾害治理有不同空间层次。灾害治理落脚点虽在地方，但无论救灾、减灾还是防灾都不可能脱离全球、地区和国家的制度化背景，由此垂直层次协同也很重要和关键。联合国国际减灾战略(UNISDR)是全球性平台，它包含"主题平台、地区平台、国家平台"[14]，其中主题平台进行风险评估、早期预警和恢复等，地区平台聚焦地区性议题，国家平台则协调多元的利益相关者。目前，国家平台数目已从2007年38个增加到2012年10月的81个，全球性平台还要求2015年前尽可能多地建立国家平台，由此这三类平台极大增强了各类减灾活动的协同性，促进数据信息共享和政策协调。此外，国际减灾战略还鼓励其他正式、非正式的协调行动，譬如与其他国际组织的合作、组建地区和次地区论坛、利益相关方特别磋商，等等。以灾害相对集中的东南亚为例，无论是东南亚国家联盟(ASEAN)、亚太经合组织(APEC)、南亚区域合作联盟(SAARC)，还是东盟合作论坛(AFR)，都内嵌灾害治理的专门性架设、委员会和行动小组，虽然这些工具、架设和机制重叠交叉、协调性不足，但在相互作用中也内生出灾害治理合作动力。实际上，海啸、飓风、洪水灾害治理的区域协调已成为东南亚地区主义发展的一大重要推动力。通过水平和垂直两个维度的衔接、协同,灾害治理呈现出网络化格局。

再次,对市场机制的利用不断扩大。灾害治理不可能完全依赖公共资源,公共资源不足,一方面需要更多的资源供给者,另一方面也要求资源使用方式的创新。更多的资源供给者主要为各类次国家行为主体和非国家行为主体,而资源使用方式创新则主要表现为对市场机制的利用[15],两者融合便是企业行为。一般认为,企业参与灾害治理是出于企业社会责任以及企业文化、品牌名声的考虑,多数属应景式反应。企业微观动机无法解释其宏观层面参与规模的急剧增长和形式的多样化,有的典型企业甚至还与国家搭建出了制度化的公私伙伴关系。其实,频率和规模日益攀升的自然灾害足以影响全球市场,进而改变企业运营环境,譬如福岛地震对全球计算机产业链和供应链的冲击,企业不得不进行必要的灾害风险管理。灾害频率和烈度的大幅提升使得政府财政、社会捐赠、企业赞助的模式不可持续,构建可持续资金吸纳机制日益重要,金融保险创新为之提供可能。目前,发达国家纷纷建立起适合本国国情、形式多样的灾害风险保护机制,荷兰最有特色。荷兰将灾害分成三类:最常见的小额灾害,如小型冰雹导致的农作物、厂房受损等,损失由受灾者自行承担;一般情形下的洪灾、气候突变,受灾者尽可能通过商业保险公司利用市场分摊机制承担损失;很少但也日趋增多的巨灾,保险公司也无法承担,政府按照灾害补偿法律进行处理。[16]瑞士再保险公司指出,保险业已成为国家灾后资金筹措的一个关键支柱,重建资本流入也大大有利于灾后经济社会发展。[17]联合国和世界银行2012年8月发表的《自然灾害,非自然灾害:有效预防的经济学》报告对孟买、土耳其、海地、埃塞俄比亚、斯里兰卡发生的灾害等案例的分析表明,援助大量涌入往往产生相反效果,而着眼于灾后重建市场机制可能更有利于实现救灾目的。[18]

另外,城市逐渐成为灾害治理的重心。2012年联合国经社事务部《世界城市展望》报告首次列出人口75万以上的城市地理坐标,结合哥伦比亚大学国际地球科学信息网络的数据,指出未来城市将面临飓风、干旱、地震、洪水、泥石流、火山六种自然灾害威胁。报告认为,随着全球尤其是发展中世界的城市化进程加速以及人口迁移,人口超百万的城市中，接近60%位于上述六种灾害的至少一种高风险区域，其中洪水威胁频率最高也最为严重，其次为干旱和地震。[19]《自然灾害，非自然灾害：有效预防的经济学》报告认为，位于热带气旋和地震风险的城市人口将从2000年的6.8亿上升至2050年的15亿。2012年，北京"7.21"暴雨灾害的受灾面积达1.6万平方公里，受灾人口约190万人，损失超百亿元人民币，美国飓风"桑迪"突袭纽约致使全市800万人断电，公交、地铁全部关闭，近万航班取消，损失近千亿美元。上述案例突出表明，大城市一旦遭灾害袭击，损失巨大。目前新兴发展中大国正实施扩张性城市政策，而这种政策往往缺乏科学规划，充斥着偷工减料、对生态系统的肆意侵蚀和对各种风险的体制性忽视，使灾害脆弱性和暴露性进一步上升。《兵库行动框架》对城市的防灾减灾提出了要求，但城市间防灾减灾经验共享以及建立更为制度化的灾害治理联盟和安全互助网络的需求比以往任何时刻都更为紧迫。这方面已有成功经验，2004年成立的世界城市和地方政府联合组织(UCLG)在协调全球地方政府援助、缓解东南亚海啸灾害方面就发挥了明显的作用。[20]

第三节　不　　足

灾害治理以可持续发展为规范搭建机制框架，呼吁发达国家帮助发展中国家进行能力建设，并积极扩大利用市场机制，最终在全球、国家甚至城市层次取得重大进展。然而，与显著扩大的灾害损失相比，国际灾害治理仍有明显不足。

迄今为止，灾害治理并未成为国际体系核心议程。一项议题能否成为议程核心，关键在于它对人类生存和发展的重要性。《全球趋势2030》报告指出，自然灾害将对美国和其他主要大国的安全构成严峻威胁。既然自然灾害和国家安全存在关联，那么灾害治理能否成为安全治理呢？这显然得从安全治理内涵的扩展说起。1983年，理查德·乌尔曼的经典论文《重新定义安全》将国家安全威胁界定为这样一种行为或事件的结果，即在一段相对短暂的时间内可能会极大地威胁到国民生活的质量，或者严重威胁到某国政府或国家内部私有的、非政府组织(个人、团体、公司)的实体可资利用的政策选择范围。[21] 1994年的《人类发展报告》提出“人的安全”概念包括两个方面:免于饥荒、疾病、压迫等慢性威胁;免于家庭、工作和社区等日常生活场所中的危害性和突发性干扰。自然灾害尤其是巨灾显然极大威胁到国民生活的质量,对日常生活造成危害性和突发性干扰,因此灾害治理可视为安全治理组成部分。遗憾的是,国际社会并没有将灾害视为安全事件,与气候变化等议题相比,治理投入明显不足。何以如此?根据巴里·布赞的安全化理论,议题安全化可显著提升议题在议程设置中的位置,灾害虽具备成为安全议题的条件,却缺乏启动安全化机制的强大行为主体。虽然联合国对自然灾害给予了很多关注,但国际体系内部掌握话语—行动权的主要发达国家并未将之视为“迫在眉睫”的威胁。

同时,灾害治理制度建设与治理需求相比明显滞后。《兵库行动框架》、两年一次的行动平台和诸多紧急程序,推进了国际减灾合作,并使防灾减灾渗透到许多发展规划和行动中。然而它们都只是“软法”,对主权国家尤其是发达国家并无法律约束力。联合国大会指出,缺乏有效刚性制度安排已成为地震灾害治理的致命缺陷,发达国家缺乏技术转让和共享信息数据的政治意愿使发展中国家的诸多行动难以取得满意绩效。尤其近20年来,快速城市化、气候环境恶化和生态系统破坏等新议题和金融危机、经济危机、大规模贫困、政治混乱等旧议题相互交叉,使灾害治理绩效不再局限于灾害救援和重建,对多重政策框架的需求急剧提升。这一方面显示出国际体系复杂性提高的背景下知识创新的必要性,另一方面凸显共识基础上跨机构合作的重要性。尽管《兵库行动框架》优先行动计划明确减灾是相关环境政策和计划不可分割的组成部分,联合国国际减灾战略也有跨机构合作小组、成员国信息沟通渠道,但遗憾的是千年发展目标、《联合国气候变化框架公约》《兵库行动框架》仍缺乏制度化沟通渠道和协调机制。[22]《阿拉伯国家适应气候变化报告》指出,灾害管理以减少损失为目标,而适应主要着眼于变化后的气候生态系统,大多数国家和地方政府无论在目标指向还是政策执行上都缺乏内在的有机联系。[23]此外,虽然国际减灾战略国家平台的数目不断增加,但与地区平台、主题平台的衔接也无预期绩效,区域治理相当有限。这充分说明,灾害治理仍主要基于主权国家的自我实施,而非国际机制框架形塑的产物。

值得注意的是,灾害救援成为国际政治工具的倾向日益突出。灾害突发时,各类行为主体通常会基于人道主义积极参与救援,但据此认为灾害救援是非政治或政治中性的看法则是不准确的。[24]相关机构对全球风险分布的分析表明,灾害热点(hotspot)地理分布符合斯皮克曼提出的边缘地带理论,即灾害热点大多分布于亚欧大陆边缘地带国家。根据联合国亚太经社理事会和联合国国际减灾战略共同发布的《2012年亚太地区灾害报告》,2011年全球灾害经济损失的80%来自亚太地区,《亚洲开发银行对自然灾害和风险的应对》报告也称,亚洲遭受自然灾害的可能性是非洲的4倍、欧洲和北美的25倍。然而亚洲又是地缘政治和地缘经济利益最密集和集中的区域,近年来又成为全球经济增长引擎,由此灾害治理、地缘政治、投资贸易呈现出相互交织的局面。在这种背景下,灾害救援极易沦为国际政治博弈和获取其他利益的工具。日本福岛危机时期,美国直接派出反潜直升机、海军陆战队甚至"里根"号航母,不仅迅速改善美国在日本的国家形象,也舒缓了日本民众要求美军基地撤出的呼声。[25]比较美国在印度洋海啸、克什米尔地震、汶川地震、海地地震和福岛危机中的政府援助,不难发现其灾害外交背后一贯的国家战略和国家利益追求。将灾害救援作为获取国家利益手段的做法在2004年印度洋海啸紧急救援中也有所体现,美国、日本和印度等主要大国为改善国际形象、增强软实力、最大限度获取灾后重建利益,纷纷承诺巨额援助,表现出了强烈的"竞争性情绪"。[26]当然,灾害救援也可以成为国家形象投射、改善双边关系的杠杆,印巴围绕克什米尔地震、海啸救援的合作,中日围绕汶川地震、福岛海啸的互助等案例均显示出灾害救援可以创造国家间关系改善和公众情感接近的契机。自然灾害使世界各国感到相互之间不能成为被族裔、宗教而分割的孤岛,由此人类共同体在命运一致性作用下启动人道主义,驱动国际体系内部社会性因素的增长。然而这能否推动国家摒弃均势和权力政治范式,从人类脆弱生命和共同人性出发创造双边、多边机会,促使国际体系由霍布斯主义向洛克主义并最终向康德主义演进,战胜旧式国家间政治和权力争斗,还需更多事实证据。其实,灾害"毁坏性"在启动人道主义的同时,也的确使国家之间产生出矛盾、冲突和不协调,譬如现行国际法框架规定任何人道主义救援都必须获取受灾国的主权认可,尽管这一认可程序很可能导致最佳救援时机的丧失。

第四节　趋　　势

尽管灾害治理并未成为国际体系的核心议程,但随着灾害数量、烈度的增加,尤其是汶川地震、福岛海啸等巨灾的出现,灾害治理将获得国际体系更多的关注,国际体系的资源投入亦会大量增加。灾害治理最关键的是复原力,这种能力不仅表现在灾害初期快速有效的紧急救援,还包括避免灾害发生和灾害发生后减轻损失所采取的各种机制框架、措施和行动,因此成功的灾害治理必须实现从一时的情景治理向长期体制治理的转变。从这一点出发,未来灾害治理将呈现以下几方面发展趋势。

第一,技术治理的体制化。智利建筑抗震成效显示了技术治理的成效,然而技术治理存在"拥有"和"应用"两个层面。"拥有"本身也有两个层面:一是尚未掌握技术,主要源自科学认知不足,譬如地震和气候灾害预报不足;二是已经掌握技术,但一些国家基于利益和知识产权制度缺乏转让和普及的意愿。前者需要知识共同体(Epistemic Communities)共同努力,为此国际科学理事会(ICSU)、联合国国家减灾战略(UNISDR)与国际社会科学理事会(ISSC)共同发起为期十年的灾害风险综合研究科学计划(简称"IRDR"),是否足以媲美联合国政府间气候变化委员会(IPCC)有待观察。后者需要国际机制的精心设计,以对技术拥有者做出选择性激励,鼓励开展免费技术转让和人道主义行动。技术应用最重要的是成本,任何国家和地区都需要积极进行防灾减灾工作,其中最重要的是脆弱性评估,而这需要大量数据、信息和知识搜集。由此,建设全球性灾害损失数据库,加强长期变化跟踪研究进而评估各地区、国家、地方的灾害损失和风险概率,发展早期预警系统和监测设施成为未来技术治理的重点。

第二,行动框架将更加具体、丰满。灾害治理的复合性、议题的交叠性决定了灾害治理应是多重政策框架相互衔接而成,而相互衔接的核心是主体间协同和制度衔接。《兵库行动框架》和两年一次的行动平台作为顶层政策框架,聚合科学家团体、经济社会议题专家和灾害治理实践者、受灾地民众等利益攸关方,也大致使全球、地区、国家和地方多个空间层次的主体自由而充分地交换信息,从多维度加强防灾减灾响应能力建设。然而,《兵库行动框架》2015 年已经到期,面临再次设计、延续和强化的问题,表现在以下三个方面。首先是整体架构和形式。整体架构是否应包括指导性原则、目标制度和具体细节?形式是否内嵌强制性法律约束力工具,譬如约束性预算条款、发达国家财政技术义务,又或者发展规划必须考虑防灾减灾工作?其次是架构必须明确的核心领域和任务。如潜在灾害风险评估、地方和国家围绕目标展开的实施机制、利益相关方参与程序和大型工程是否引入灾害评估标准程序等。再次,后兵库行动框架还应对环境和灾害多个层次协调予以关注,尽管两者相互联系,但无论联合国、国家还是地方都明显断裂,如何协调应予以明确。[27]最后,主要大国围绕后兵库行动框架将展开激烈博弈。如掌握先进防灾减灾经验的日本就试图构建以亚洲为中心的防灾网络,主导整体框架的制定和实施。总体说来,作为未来灾害治理主体架构,2015 年后兵库灾害治理框架应是对《兵库行动框架》的进一步具体化、细化甚至法律化。

第三,灾害治理资源将更多向地方和城市倾斜。《兵库行动框架》不仅适用于国家层面,还适用于地方和城市。地方尤其是城市承担着灾害治理体制化的首要责任,表现在三个方面:组织、预算和态度。组织指专门性的灾害协调机构,预算指防灾减灾专门性的运营费用,态度指政府或公众都有着良好防灾减灾意识和文化。[28]对城市而言,将减灾防灾整合到地区或城市规划中来意味着必须确保关键性基础设施建设的正常运转,这样即使出现最糟糕情形,也能获取对维持生命至关重要的公共物品。要尽可能地构建本地区或者城市灾害风险的知识和数据信息库,对本地区不同种类灾害的风险系数有足够了解,继而在此基础上构建风险防范机制如技术准备、金融保险创新和防灾减灾文化建设,等等。另外,任何地区或城市都不具备防灾减灾的完备性,此时应向国际灾害治理框架寻求支持,这一方面需要国家的介入,另一方面地区或城市应自主开展次国家和城市外交。联合国国际减灾战略和人居署 2012 年 10 月发布的《使城市更具韧性》的报告指出,城市应对灾害风险要有韧性须具备六项条件:政治意愿、地方层次的可持续性、及时参与有高影响力的活动、城市间相互学习和国际合作、将削减灾害风险作为跨部门和多部门议题、弥补现存的基础设施赤字。[29]联合国国际减灾战略还根据非洲十个先锋城市的减灾管理经验提炼出了增强城市灾害韧性若干原则：制度化行政框架；资金资源；风险评估；基础设施保护；关键设施保护（粮食和水）；建筑管理和土地规划；教育、训练和公共意识；环境和生态系统保护；有效准备和早期预警；恢复和社区重建。[30]由此看来，地方尤其城市的主动性和创造性在未来灾害治理中的作用将日益提升。

第四，灾害治理的人道主义和主权保护仍存在张力，国际社会需要更加谨慎妥善地处理。大多数灾害都发生于发展中国家，而灾害多发的发展中国家又大都政治架构脆弱、政府能力不足，有的甚至还是失败国家。灾害尤其是重大灾害袭击时，国际治理架构如何既尊重国家主权又积极开展人道主义行动、承担起“保护的责任”值得深入思考。目前看来，联合国紧急程序、应急基金和灾害发生地快速有效行动可能是最适宜的选择。

注释

1. UNISDR, “Annual report 2011, UNISR Secretariat Work Program,” June 2012, http://www.unisdr.org/files/27627_ar2011v2.pdf.

2. 瑞士再保险经济研究及咨询部：《2011 年自然灾害和人为灾难：地震和水灾前所未有，损失创历史新高》，载 *Sigma* 2012 年第 2 期，第 36—37 页，http://www.swissre.com/sigma/。

3. 韩啸：《上半年全球自然灾害保险损失 120 亿美元》，载《中国保险报》，2012 年 7 月 16 日。

4. Debby Guha-Sapir, Femke Vos, Regina Below, “Annual Disaster Statistical Review 2011: The number and trends,” p.7, http://cred.be/sites/default/files/2012.07.05.ADSR_2011.pdf.

5. Francisco G. Delfin, Jean-Christophe Gaillard, “Extreme Versus Quotidian: Addressing Temporal Dichotomies in Philippine Disaster Management,” *Public Administration and Development*, Vol.28, Issue 3, 2008, pp.190—199.

6. Alliance for Development Works United Nations University, “2012 World Risk Report,” p. 23, http://www.nature.org/ourinitiatives/habitats/oceanscoasts/howwework/world-risk-report-2012-pdf.

7. ESCAP, UNISDR, “Reducing Vulnerability and Exposure to Disasters,” VIII, *The Asia-Pacific Disaster Report 2012*, http://www.unisdr.org/files/29288_apdr2012finallowres.pdf.

8. World Bank, "Adaptation to a Changing Climate in the Arab Countries," *MENA Development Report*, p.100, http://www-wds.worldbank.org/external/default/WDSContentServer/WDSP/IB/2012/11/06/000386194_20121106031824/Rendered/PDF/734820PUB0P12400in0Building0Climate.pdf.

9. 毕军等:《区域环境分析和管理》,中国环境科学出版社 2006 年版,第 63—65 页。

10. [美]查尔斯·凯格利:《世界政治:走向新秩序?》,夏维勇、阮淑俊译,世界图书出版公司 2010 年版,第 118 页。

11. Charles Cohen and Eric D. Werker, "The Political Economy of Natural Disasters," *Journal of Conflict Resolution*, Vol.52, 2008, pp.814—815.

12. UN International Strategy for Disaster Reduction, "Strategic Framework 2025," October 2011, http://www.unisdr.org/files/23291_1101657inteng.pdf.

13. Kenneth W. Abbott, "Engaging the Public and the Private in Global Sustainability Governance," *International Affairs*, Vol.88, Issue 3, 2012, p.543.

14. Yuki Matsuoka, Anshu Sharma, Rajib Shaw, "Hyogo Tramework For Action and Urban Risk Reduction in Asia," *Community, Environment and Disaster Risk Management*, Vol.1, 2009, p.80.

15. 陶鹏、童星:《我国自然灾害管理中的"应急失灵"及其矫正——从 2010 年西南五省(市、区)旱灾谈起》,载《江苏社会科学》2011 年第 2 期,第 21—28 页。

16. 许闲、陈卓苗:《荷兰应对自然灾害的风险分摊机制》,载《中国保险报》,2012 年 3 月 19 日。

17. 瑞士再保险经济研究及咨询部:《2011 年自然灾害和人为灾难:地震和水灾前所未有,损失创历史新高》,第 36—37 页。

18. UN, World Bank, "Natural Hazards, Unnatural Disasters the Economics of Effective Prevention," Washington, DC, http://www.gfdrr.org/gfdrr/sites/gfdrr.org/files/nhud/files/NHUD-Overview.pdf.

19. Department of Economic and Social Affairs Population Division, "World Urbanization Prospects the 2011 Revision," New York, August. 2012, pp.17—21, http://esa.un.org/unpd/wup/pdf/FINAL-FINAL_REPORT%20WUP2011_Annextables_01Aug2012_Final.pdf.

20. 沈国明:《城市安全学》,华东师范大学出版社 2008 年版,第 348 页。

21. Richard H. Ulman, "Redefining National Security," *International Security*, Vol.8, No.1, Summer 1983, pp.129—153.

22. Chennat Gopalakrishnan, "Designing New Institutions for Implementing Integrated Disaster Risk Management: Key Elements and Future Directions," *Disasters*, Vol.31, Issue 4, 2007, pp.353—372.

23. World Bank, "Adaptation to a Changing Climate in the Arab Countries," *MENA Development Report*, p.100.

24. Eric D. Werker, "Disaster Politics: International Politics and Relief Efforts," *Harvard International Review*, 2010, http://hir.harvard.edu/disaster-politics.

25. Chris Ames, Yuiko Koguchi-Ames, "Friends in Need," in Jeff Kingston, eds., "Natural Disaster and Nuclear Crisis in Japan," London & New York: Routledge, 2012, p.208.

26. Christopher Jasparro, Janathan Taylor, "Transnational Geopolitical Competition and Natural Disaster," in Pradyumna P. Karan, Shanmugam P. Subbiah eds., *The Indian Ocean Tsunami*, Lexington: the University Press of Kentucky, 2011, p.283.

27. Phong Tran, Rajib Shaw, "Environment Disaster Linkages: An Overview," *Community, Environment and Disaster Risk Management*, Vol.9, 2012, pp.3—14.

28. Bevaola Kusumasari, Quamrul Alam, Kamal Siddiqui, "Resource Capability for Local Government in Managing Disaster," *Disaster Prevention and Management*, Vol.19, Issue 4, 2010, p.444.

29. UNISDR, UN-Habitat, "Making Cities Resilient Report 2012—My City Is Getting Ready," October 2012, p.77, http://www.unisdr.org/files/28240_rcreport.pdf.

30. UNISDR, "City Resilience in Africa: A Ten Essentials Pilot," http://www.unisdr.org/files/29935_cityresilienceinafricasansdate.pdf.

第五章

新兴议题 II:海洋垃圾

除了自然灾害,最近跃出水面的还有海洋垃圾议题,因其持续快速累积、造成的损失日益严重,海洋垃圾问题还引起国际社会的高度关注,尽管 20 世纪七八十年代起,国际社会围绕海洋环境保护制定了数个多边协议,但垃圾的持续流入并没有得到延缓。不仅海洋垃圾的密度从低到高、类型从简单到复杂、范围从区域向全球扩散,而且粒径小于 5 毫米的微塑料污染愈加弥漫,成为恶化最迅速的环境议题之一。学界和国际政策界对此表示高度关注,设定了三方面议程:(1)科学议程,聚焦海洋垃圾对海洋生态环境的影响评估,以及治理所需要的监测、拦截和清理所需要的科技创新;(2)经济社会议程,聚焦海洋垃圾的来源和途径、破坏海洋景观和生态系统带来的经济损失,以及对航行安全、海洋生物造成的危害;(3)安全议程,海洋垃圾和微塑料不仅对那些高度依赖海洋经济的国家造成重大安全冲击,还通过食物链和其他方式影响到人类安全[1],欧洲联合胃肠病学会确认人体内已发现 9 种以上不同的微塑料[2]。这三类议程中,经济社会议程是主流,但安全议程的话语影响力持续上升。2011 年,海洋垃圾被正式界定为“全球环境新问题”,成为国际议程中的独立问题,2014 年又成为第一届联合国环境大会的核心议题,2016 年海洋垃圾和微塑料成为与全球气候变化、臭氧层耗竭并列的全球重大环境问题。治理动力的显著增强,使得该议题的治理出现与以往不同的演化态势,不仅进入联合国大会、二十国集团、七国集团等全球主要治理平台,治理进程也逐步扩展,能够容纳越来越多的国家和行为主体,治理规范亦从单独的环境问题向综合性的治理议题转型。海洋垃圾主要来自沿海陆地,而在 192 个沿海国家和地区中,我国已成为最大源头之一,根据《自然通讯》的数据,长江、西江、黄浦江、东江、汉江都位列负荷塑料垃圾最多的河流行列,其中长江高居榜首。[3]因此,参与海洋垃圾治理已成为我国建设人类命运共同体的重要内容,不仅关系到中国的国际形象,更关系到2030年可持续发展议程和治理能力现代化,需要高度重视。

第一节 进展明显

海洋垃圾问题的产生并非一蹴而就,而是和人口、经济增长以及生活方式变迁息息相关。1950年,全球人口只有25亿,塑料产量仅150万吨,其中0.1%进入海洋;如今人口达到70亿,塑料产量超过3亿吨,流入海洋的比例上升至1.8%—4.7%,大约480—1 270万吨,海洋垃圾总量直线上升。《科学》杂志估算,目前全球海洋垃圾数量大约在8 600万吨到1.50亿吨之间。《新塑料经济学:对塑料未来的反思》报告还指出,过去半个世纪,塑料使用量增长19倍,今后20年还将翻倍,到2050年,全球海洋垃圾将有3.30亿吨,超过鱼类总量。[4]塑料垃圾数量的快速增长造成许多负面后果,根据《生物多样性公约》秘书处发布的《海洋垃圾:理解、预防和减轻对海洋和海岸带生物多样性的不利影响》报告,全球受海洋垃圾影响的生物种群数量已增加到817种,每年经济损失达到130亿美元,每年大约百万只鸟类和超过10万海洋哺乳动物死亡。[5]海洋垃圾尤其微塑料还会通过食物链和空气传播,扩散到整个生态圈,危害粮食安全、人类安全。问题的显著恶化以及对人类生存和发展的"威胁"意味着20世纪80年代以来构建的作为环境问题子问题的治理模式已不能满足需要,海洋垃圾治理迫切需要转型。

首先,由环境问题向综合治理议题的转型。20世纪上半叶,海洋自由是主导治理范式。这种自由事实上内嵌一种假设,即海洋无限、资源不可穷尽,废弃物可随意排放。20世纪50年代末,废弃物对海岸环境、渔业资源以及生态系统破坏作用显现,国际社会意识到应逐步减少、停止污染海洋。1958年海洋法第一次会议明确要求"各国防止船舶运输、管道运输、海床作业和放射性污染物质",却并没有对污染物质和责任进行明确界定,默示人类继续将海洋作为倾倒场所的观念。此后,一系列海洋灾害事件发生,1972年人类环境会议召开,国际社会陆续通过《国际防止船舶造成污染公约》《防止倾倒废物及其他物质污染海洋的公约》和《控制危险废物越境转移及其处置巴塞尔公约》，并成立联合国环境规划署，通过了《联合国环境署区域海洋方案》(RSP，以下简称《区域海洋方案》)和《保护海洋环境免受污染全球行动纲领》(GPA，以下简称《全球行动纲领》)。这些多边协议和行动在不同领域、不同环节就如何防止、减少向海洋倾倒废弃物做出明确规定。由此，海洋治理规范发生革命性变化，即"海洋是可用尽的有限资源"，除非得到批准，任何物质不得随意排放。1982年《联合国海洋法公约》进一步明确所有国家应采取措施预防、减少和控制源自任何地方的海洋污染。这样一来，整体的海洋保护取代海洋自由成为主导性的基础规范。然而，新规范的确立并没有阻止垃圾向海洋的持续流入，海洋生态仍持续恶化，赤潮等灾害发生的频率和规模显著增加，海洋环境保护也内生出由弱向强的转变动力。如果说弱保护追求的是环境保护且仅仅由环保部门主导，那么强保护则意味着源头控制和全过程管理，过程也逐步从环节构建的线性走向主体、环节、规范和制度构建而成的全系统，生态环境本身不再仅仅是被保护对象，本身亦有独立价值。由弱向强的转型无疑响应了国际社会的绿色思潮由"环境保护"向可持续发展范式的变迁。海洋垃圾来源复杂，无论何种来源，其物质链条都很长、环节多，且每个环节都有数量繁多的行为主体、利益多元，这决定了海洋环境治理必须从单部门、某个环节的管制走向多部门、全社会的系统联动。系统联动需要多层多维耦合，除了制度层面的精心设计外，更需要个体—集体—国家行动耦合，这对包括制度供给、政策设计、生活习惯培养等在内的国家整体治理能力现代化提出了要求。因此，2017年联合国环境大会认为，海洋垃圾不是短期内能够解决的问题。

其次，治理动力增强，机制建设深化。和陆地垃圾一样，海洋垃圾本质上是市场失灵的结果，即废弃物价格并没有反映丢弃成本，废物管理隐匿在社会视野之外，整个社会对垃圾的环境成本无法实现内部化。由于缺乏《联合国气候变化框架公约》这样的单一核心机制，各国没有强制性减排义务，公海漂浮垃圾岛更无人清理。随着议程被重新设置，强可持续发展范式成为指引，治理由部分领域和环节向全社会、全过程、全领域转型，动力明显升级、机制建设进展明显。这体现在四个方面。第一,确立了新的治理目标,二十国集团大阪峰会发布了“大阪蓝色海洋愿景”(“Osaka Blue Ocean Vision”),明确2050年零排放目标。[6]第二,形成了上下结合治理路径,与《巴黎协定》的“自主承诺+核查”模式有所不同。联合国环境规划署自上而下地推进治理,包括对问题的发现、议程设置、设计行动框架、发起倡议等,其中以1974年开始的《区域海洋方案》和1995年整合陆地和海洋的全球性政府机制《全球行动纲领》最为明显;国家发起自下而上的行动,印度尼西亚、中国、日本、韩国发布了减塑、禁塑、海洋生态示范区等政策法令,美国则全面禁止添加塑料微珠进化妆品。此外,5个独立于联合国环境署的《区域海洋方案》[7]和《曼谷宣言》等海洋垃圾减排倡议也是域内国家联合自主行动的结果。第三,治理覆盖面扩大,原先国际社会只是聚焦陆地减排,现在则对垃圾存量分布和清理提出诉求。海洋垃圾清理成本是陆地垃圾的5—6倍,高昂的成本使国际社会甚少对公海垃圾带采取实质行动。随着微塑料污染日趋严重、漂浮垃圾引发外交纠纷、技术上的可行性获得进展,如何处置公海垃圾带引起了国际社会的高度重视,一些公益组织正着力系统性开展海滩清洁、海面海底监测,一些私营主体甚至开始研发海面垃圾低成本清理技术。第四,国际—国内治理衔接尤为关键。海洋垃圾有75%来自陆地,排放管控主要取决于国内垃圾管控,这样国际和国内的衔接整合就成为关键,然而整合衔接不仅需要接收装置、拦截仪器等基础设施,更需要在分类、回收和处置等标准、工作机制、体制等层面的内外融合。

再次,横向、垂直两个维度的协同性增强。海洋垃圾治理的突出特征是“碎片化”,机制复合体异常突出,这对建立多问题领域的政策框架和推动不同机构、项目、倡议深层次协同的需求提升,这主要表现在以下几个方面。第一,缺乏单一框架公约,不同领域、不同环节服从不同公约[8],船舶垃圾要服从《国际防止船舶造成污染公约》,固体废弃物倾倒服从《伦敦公约》,垃圾出口要服从《巴塞尔协议》,涉及海洋生物多样性则要服从《生物多样性公约》《保护迁徙野生动物物种公约》(CMS)和《联合国鱼类种群协定》(UNFSA),不同公约如何衔接和协同对总体治理成效影响甚大。第二,除了公约和相应的议定书,软法也在不断涌现。除了《全球行动纲领》,海洋垃圾议题被纳入许多平台,如联合国大会、联合国环境大会、二十国集团、七国集团等,这些平台都在发表声明、倡议、研究报告,甚至成立专家小组委员会[9],联合国粮农组织(FAQ)、《生物多样性公约》秘书处、南极海洋生物资源保护委员会(CCAMLR)等专业组织也发布了一些守则、指令。随着公约、议定书、守则、声明、倡议越来越多,内外冲突、矛盾的情况自然会出现,譬如《巴塞尔公约》和国际海事组织在废弃船舶越境转移和拆解方面有漏洞和矛盾;管控垃圾出口的巴塞尔协议则被指出可能和世界贸易组织等经济规则构成潜在冲突。第三,不同空间尺度相互缠绕。海洋垃圾是具有区域特点的全球性环境问题,为更好展开治理,联合国环境规划署在1974年就发起区域海洋计划。然而,区域作为空间尺度,上有全球、下有国家,治理也会出现上下缠绕的情况。最突出的案例当属北海,北海治理既有诸多国际公约,如《欧盟海洋政策框架指令》(MSFD)、《保护东北大西洋海洋环境公约》(OSPAR),还有《北海国际会议宣言》(INSC)和成员国自身政策,等等。不同空间尺度有相互促进的一面[10],然而也存在主体不一致、规制衔接不够、联动不足的情况,导致定义生态损害、监测统计等指标不统一,出现规则重复、过度复杂甚至矛盾、冲突。[11]要应对"碎片化"和"机制复合体"的挑战,关键在于主体联动、机制衔接、信息沟通、空间响应,上述三种情况都有不同的解决路径。首先是不同公约协同的问题,国际政策界确实希望强化顶层设计,构建具有法律约束力、类似于《气候变化框架公约》的单一公约,也希望尽快成立政府间谈判委员会,但到目前没有达成政治共识。其次是软硬法等不同机制联动的问题,一方面应充分理解"碎片化"是不可避免的自然现象,无法彻底消除,另一方面也需要确保不同机制都在响应基本的治理目标,譬如2030年可持续发展议程和"大阪蓝色海洋愿景"确定的"零排放",联合国环境大会确实有充分意识,建立了跨机构合作小组,咨询专家组也一再要求相关协议秘书处跟进。再次,针对不同空间尺度的响应,《全球行动纲领》已成为将全球和区域有效组结的主渠道,欧盟(EU)、亚太经合组织(APEC)、太平洋岛国、东盟等区域实体都已要求域内国家响应本区域的政策法规。值得关注的是,地方尤其沿海城市等次国家行为体参与的空间也在增大,通过禁塑令、净滩行动、河流拦截等具体行为加入治理进程。正是通过全球—区域、区域—国家、国家—城市等不同层次的纽结,海洋垃圾治理体系不仅仅环节上跨领域,且明显的呈现出空间嵌套(nesting)。

第二节 制约性因素

海洋垃圾治理的进展说明国际社会在科学认知层面已经意识到海洋垃圾对经济社会发展、国家和人类安全带来的威胁,进而将其置于更高的政策议程,通过联合国大会、二十国集团等全球性平台,在治理目标、治理架构、政策工具应用方面确有显著进展。应该说,这里有联合国环境规划署和挪威等"规范倡导者"的努力,也有国际社会就强可持续发展范式对于该议题的适用性取得的共识。总的来说,目前海洋垃圾的治理标准、治理能力和治理水平与2050年"零排放"的需要相比仍显得异常滞后。

首先,海洋垃圾治理仍未占据国际体系最高议程的地位。一项议题能否成为核心议程取决于多种因素,总的来说取决于人类对该议题威胁的感知。长期以来,海洋垃圾隐匿于公众视野之外,政府、企业和公众对此都缺乏敏感性。随着海洋和海权成为国际政治博弈重心,海洋垃圾数量急剧增长引发的环境损害引起环境规划署以及若干欧洲国家、日本的重视。欧盟将海洋垃圾治理纳入海洋战略框架,又将其作为海洋环境质量综合指标体系的核心内容,引起国际社会高度关注。在欧盟国家推动下,该议题进入二十国集团、七国集团、2030年可持续发展议程、联合国大会等平台,显示了欧盟的规范性权力和议程设置能力。虽然议程设置得以提升、公众关注度大幅增加,海洋垃圾治理却并没有如气候变化一般成为国际体系的最高议程。根据哥本哈根学派的安全化理论,议题被安全化则容易获得国际社会高度关注,使自己在国际议程中的位置得到提升。海洋垃圾数量几何级增长、后果日益显现、效果不彰表明确有必要进一步提升政策议程,然而海洋垃圾问题未被彻底安全化。[12]原因有三:一是安全化要求有高度权威的施动者,通过道德话语和科学知识将某个议题框定为"存在性威胁",尽管环境规划署和欧盟都在推动海洋垃圾治理,起作用主要还是挪威等国家,英、法、德等核心主体并没有发挥类似在气候变化领域的领导作用,美国则部分退出全球治理，环境规划署因受其行政治理结构的限制，政治权威有限；二是安全化要求对应"生存型"威胁，与气候变化给人类的实际威胁感知不同，海洋垃圾究竟怎么来的，何种类型、数量多少可对人类造成何种实际损害，对经济、生态系统和健康的损害达到什么程度，问题存在于哪个空间尺度，对这些疑问缺乏系统性的论述，媒体和公共舆论也没有给出直截了当的科学结论；三是海洋垃圾治理相对集中于单一性公约，治理不得不高度依赖其他领域和渠道的多边协议，安全化机制缺乏有效抓手。安全化程度不足导致直接聚焦海洋垃圾这一专项的国际文件依然少数。即使有着严重的负面影响，东南亚、非洲国家也并没有将快速增长的海洋垃圾当成对人类生存迫在眉睫的威胁，治理机制的法律约束力不足、行动迟缓，海洋垃圾治理总体仍处于反应式治理阶段。

其次，机制建设仍落后于实际治理需求。虽然几个其他领域的公约加上对陆地和海洋进行整体统筹的《全球行动纲领》建立了海洋垃圾治理的基本框架，然而这一治理框架仍有着诸多的法律和技术空白，效能阻滞，表现在以下四个方面。第一，在《全球行动纲领》和"区域海洋计划"的推动下，许多国家制定了法律法规，出台了政策规划，然而无论是 2030 年可持续发展议程，还是联合大国大会，都未设定总体减排目标、阶段性目标和各国明确的自愿减排量，也没有建立相应核查机制。虽然海洋垃圾尤其微塑料污染日益表面化，但各国的应对总体仍是被动式、应急式的，甚至美国这样的发达国家也是如此。正因为如此，世界自然基金会这样的环保组织才认为国际社会需要制定《蒙特利尔议定书》那样的强制性条约。[13]第二，出于扩大适用范围的考虑，目前该领域的公约、协议、纲领普遍存在规制笼统、惩戒机制缺失、执行细节缺乏等弊端，许多公约譬如《联合国海洋法公约》《国际防止船舶造成污染公约》《生物多样性公约》等适用于海洋垃圾的条款都不是核心或者专项条款，执行机制缺乏配套性和针对性[14]，甚至《全球行动纲领》这样作为行动导向的框架规则条款亦很笼统，充满着不确定性。第三，资金机制尚未建立。任何治理都必须构建可持续的资金供给和使用机制，而可持续的核心是多元、市场化、数量与政策目标匹配。地中海的海洋垃圾治理是相对成功的案例，不仅有法国注资，而且有企业捐赠等，这些资金又通过市场获取收益,资金使用也相对聚焦到监测体系和数据积累等基础性能力。相比之下,西北太平洋等区域在资金多元化方面进展有限,除了成员国注资和全球环境基金捐赠,市场渠道有限,依靠公共财政注资模式的政治成本越来越高昂,资金机制未来如何演化有待观察。第四,议题交叉渗透的趋势明显,快速城市化、气候环境变化、自然灾害频发等使得禁塑令、流域管控、垃圾出口等治理政策和某些制造业生产、就业、社区生活密切缠绕在一起,碎片化和机制复合体依然妨碍问题的解决。譬如2011年日本福岛地震导致450万吨废墟被直接卷入海中,应对这一问题的《联合国海洋法公约》和应对自然灾害的《兵库行动框架》就缺乏制度化的沟通协商机制,更缺乏联动反应机制。

再次,二元模式的博弈和争议仍在。海洋垃圾是典型的公地,无论是责任归属还是污染清理,从国际法和具体实践来看都异常复杂。尽管该议题并未高度政治化,但和气候议题一样,亦有博弈和争议,主要集中于是否需要构建单一的框架公约、应以何种规范为基础开展合作,以及如何解决争议。第一,是否需要构建单一框架公约。目前,海洋垃圾治理的基本架构由数个国际公约、区域海洋计划构成,一些发达国家认为有必要统一管理性质相近的公约,增强协同性;发展中国家则认为各公约的问题领域、法律基础、治理路径、资金需求、参加缔约方不尽相同,不能不忽视各自特性而进行简单合并,首要是履行各公约下承担的责任和义务,譬如最近就迫切需要落实将塑料列为危险废物的《巴塞尔公约》修正案。[15]第二,以何种规范进行谈判。“共同但有区别的责任”是全球环境多边协议的核心规范,海洋垃圾作为科技密集型议题,治理格局延续了其他环境议题一贯的南北分割。治理方案由发达国家牵头,资金、技术和最佳实践由发达国家掌握,标准由发达国家制定,具体机制设计由发达国家推动;发展中国家人口密度高,基础设施不完备,技术落后,普遍缺乏综合、可持续的垃圾管理系统,排放量急速增长。2015年《科学》杂志和2017年《自然通讯》的估算,塑料垃圾排放最多的前20位国家中,有19个是发展中国家,排放总量的57%来自中国、印度尼西亚、菲律宾、越南和泰国等。[16]2030年可持续发展议程试图打破的二元模式在该议题上仍高度凸显,后果是发达国家只关心发展中国家能否给出减排承诺,以及能否接受发达国家的治理标准;发展中国家则关心发达国家能否深度参与治理进程并尽可能给予资金技术援助，其他技术细节譬如科学探索、数据标准、核查机制都应围绕这个主轴。第三，如何解决争议。争端和应急机制尚未建立，这突出体现在亚太地区。亚太地区目前是全球经济增长引擎，随着中、印和东南亚国家的城市化推进，塑料需求旺盛而治理体系又不完善，向海洋输入的垃圾增量、增速远超世界其他地区。亚太地区成为排放重心，意味着海洋垃圾这一非传统议题逐渐与传统的地缘政治地缘经济等结合在一起[17]，发生外溢、缠绕、纠葛的可能性大幅提升。利益复杂化使亚太三个区域东亚、南亚、西北太平洋地区的海洋垃圾治理尚处于行动计划阶段，而这三个区域加上北极地区是全球 18 个区域中仅剩下的 4 个未缔结公约的区域。机制建设不足导致治理乏力，近几年来中韩、韩日、中日、日美、东南亚国家和中国、东南亚国家之间不时产生关于漂浮垃圾的外交摩擦。这种摩擦不时引发国际舆论关注，甚至无意有意地和与岛屿主权争端、资源归属有所联系，对这些国家来说不但影响国际形象，还会冲击双边和多边关系。因此，效仿北海—东北大西洋区域建立关于垃圾污染的仲裁和应急机制的要求异常紧迫，却始终作为有限。

第三节　发 展 趋 势

顶层政策框架的匮乏、机制设计的落后、二元模式僵化使得海洋垃圾治理的一些迫切需求得不到响应，如何实现 2050 年“零排放”目标考验重重。显然，危机若持续加重，海洋垃圾如能和气候变化一般进入联合国安理会这样的最高平台，就能获得更多关注、更多资源。这意味着在强可持续发展范式的指引下，无论是顶层设计还是自发实践都必须从一时的情景治理、应急治理向系统治理、长期治理、全局治理转型。治理范式的转移既需要技术基础设施，也需要体制机制的革新，以及相应的内容整合。从以上判断出发，海洋垃圾治理将呈现以下几方面演变趋势。

第一，科学和技术治理将逐步体制化。海洋垃圾是典型的科技密集型议题，科学研究与技术创新发挥基础性作用。彼得·哈斯对地中海海洋垃圾治理的研究发现，公众关注、非政府组织参与、主导国家、国际组织和跨国科学网络的共同参与是海洋环境机制成功的五个关键要素,科学家和政府官员组成的"认知共同体"在计划确立和实施的进程中尤为关键。[18]海洋垃圾的认知共同体构建主要分为科学认知、技术应用两个层面。首先是科学认知层面。联合国教科文组织(UNESCO)的政府间海洋学委员会协调组织"海洋科学促进可持续发展十年规划"(2021—2030年),联合国海洋污染科学问题联合专家组(GESAMP)积极开展海洋垃圾的环境生态风险评估,国际科学联合会理事会(ICSU)则倡议推动这方面的区域乃至全球科研合作。尽管这些工作是否可与政府间气候变化委员会(IPCC)相媲美有待观察,但科学探索已呈现出响应治理需要的体制化、常态化、周期性趋势。其次是技术应用层面。海洋垃圾治理技术复杂,包括生态环境评估、拦截、清理、监测等,欧盟各国在这方面相对先进,获取了如何治理的话语权。它们出于体制、成本和市场等因素考虑,缺乏帮助发展中国家的政治意愿,国际社会如何促进各方"按照相互商定的条件进行转让"还需精心设计。技术应用更关键的是数据、信息的搜集,2030年可持续发展议程的一大驱动力便是数据革命,数据直接关系到政府履责和文明标准,建立精细化的监测和数据收集体系并进行横向比较已成为南北博弈核心。[19]目前,海洋垃圾的数据信息缺失严重,其表现在:历史数据积累不充分,无法建立时间线上的纵向分析,不足以找出哪些具体因素导致排放量的增长;缺少细分的调查数据,无法估算垃圾如何从陆地输入海洋,譬如不同海岸、河流、排污口、海上养殖和捕捞、海上勘探开发活动等产生的海洋垃圾和微塑料的具体情况[20];覆盖面不够,监测站位主要分布在近岸海域,无法弄清楚全球海洋有多少垃圾、分布在哪里,不足以支撑模拟和分析垃圾在全球的迁移路径和扩散范围;数据采集标准不统一,各国既难以进行横向比较,也难以汇总分析整理,远不如气候议题建立的碳计量方法学标准、可信度高。正是因为看到这些问题,联合国环境大会才要求全球通力合作,制定通用定义及统一标准和方法,然而各国的数据能力是不同的,发达国家制定的标准是否为全球接受?除了南北政治考量外,这一问题还日益受到非政府部门和私营部门的检视。

第二,不同维度政策框架衔接将有所优化。海洋垃圾治理体系的复杂性既表现为议题内部碎片化和机制复合体,更体现为不同议题、不同空间尺度的交叉感应，要实现治理优化就必须实现不同面向的政策框架的衔接。首先，不同政策框架的衔接是朝着单一框架公约方向演化还是维持现状充满争议。第三届联合国环境大会专家咨询小组曾给出三种方案：维持现状，不同环节继续各自努力；修改现有治理框架，以更好的方式处理海洋垃圾；建立新的多边体系。当前的治理架构确实已无法为问题解决提供方案，要求政府间谈判建立强制性减排公约的呼声渐增，但并未达成共识，短期内似乎缺乏政治可行性。其次，不同公约、不同议题、不同空间层次的协同将成为治理焦点。协同需要更有效的政治领导和切实可行的实施路径，目前挪威、德国、日本等提供的政治领导力明显不足，环境规划署和相关公约的秘书处应全力争取中美等大国的支持，只有大国和其他主要行为主体达成足够多的政治共识，机制间协同才有可能实现，具体实施方式包括但不限于签署备忘录、共建联络小组、修正相关条款，等等。美国对《巴塞尔公约》修订案的取向说明，关键大国与多边协议深度衔接并建立执行机制是个异常复杂的国际—国内博弈过程。再次，治理将更多以结果和绩效为导向，数据革命的核心是对政府履责和治理绩效进行周期性的呈现，因此如何治理并不重要，重要的是自愿减排目标是否实现，这意味着即使减排是自愿性质的，数据也会自动通过监督、评估、道德舆论等对各国治理建设产生压力和推动力。最后，治理机制不断创新，任何议题治理都不可能完全依靠公共资源，尤其是垃圾清理成本昂贵、责任不清，使海洋垃圾治理注定既需要更多资源供给者，也要求资源使用方式的创新。更多的资源供给者包括非国家行为主体、次国家行为主体，前者有国际海岸清理（ICC）、清洁世界（CUW）、国际游船理事会（ICCL）等，当然还是以塑料行业最为突出。2011 年，全球 47 个塑料行业组织签署《应对海洋垃圾全球宣言》，当前签署宣言的行业组织已增加到 75 个，涉及国家达 40 个，共实施了 355 个项目[21]；次国家行为主体表现在城市和沿海区域，巴拿马、秘鲁、厄瓜多尔、智利、哥伦比亚、巴西等国甚至组建了中南美洲专项城市治理网络，并取得很好效果。资源使用方式创新除了非政府组织介入外，伙伴关系构建也尤为关键。伙伴关系以宽泛的协作框架为基础，通过论坛、工作组、示范区等方式吸纳政府、社会组织等多元的行为主体参与治理，并与国际组织互动，建立了多中心的资源动员模式。2017年全球海洋会议就通过1 300个伙伴关系(其中一半和还用污染有关)调动各类资源达到254亿美元,显著超越预期。

第三,区域机制化建设将成为重心。国家是海洋垃圾治理的核心主体,然而不同的地理位置、生态环境和发展态势,使得海洋保护更容易形成区域而非全球性制度,区域在所有治理层次中居于主导地位。成功的区域合作除了需要域内成员明确的政治意愿、可持续的资金供给机制外,有效的机构安排、坚实的法律基础和执行机制也尤为关键。然而,"区域海洋计划"包含的环境分议题众多,如何凸显海洋垃圾议题的权重并推动该议程的机制化则需要反复权衡、多重博弈和缓慢演化。从正式化、集中化、授权程度三个维度来衡量[22],全球18个区域的机制建设显然不在一个水平上,譬如东海、西北太平洋等区域还只是处于行动计划阶段,与北海、波罗的海、地中海等区域形成的成熟合作模式有较大落差。机制化水平有落差,演化路径也有区别,联合国环境规划署曾按照国家政治利益、经济发展水平以及意识形态差异,辨识出北海不同环境专项公约的分立模式、波罗的海所有环境问题整体考虑的综合模式,以及地中海的"框架+议定书"的模式。[23]三种模式虽然产生于各自不同的环境,也有各自的缺陷和问题,却为相互完善提供了比较和借鉴。因此,机制化建设并非仅仅针对西北太平洋、东南亚、南亚等那些起步较晚、程度不高、利益纠葛复杂的区域。对已缔结公约的区域,譬如北海、波罗的海等区域,仍需要在机制框架内探索更高效的治理进程和更高程度的遵约行为,除了对接国际科学计划,试验低成本的拦截、清理技术,更应探索建立专项合作平台,譬如统一信息标准的透明性建设、联合执法队伍、资金技术机制、核查应急和仲裁机制等,同时更要对成功经验和失败的教训进行总结,与其他区域分享参考。对已缔结公约、未有议定书甚至尚未缔结公约的区域,尤其西北太平洋、东亚、南亚区域,应思考如何从复杂的政治经济利益纠葛中有所剥离,挖掘各自合作潜力,逐步将对话与磋商机制上升为具有实质性甚至具有强制性法律义务的公约,并将公约细化为可执行的义务和机制。显然,亚太区域一体化路径显著不同于其他区域,对海洋垃圾和微塑料的排序和认知也显著不同于欧盟,以何种路径演化值得观察。其实,对东南亚这样的区域来说,更可行的方案是在东盟发布的《曼谷宣言》和《东盟海洋垃圾行动框架》的基础上构建联合监管框架。对西北太平洋来说,有学者指出应更多地借鉴地中海模式。[24]同样重要的是,不同区域的连接对全球性机制的形成异常关键。环境规划署通过区域海洋全球会议推动不同的"区域海洋计划"共享经验、交换政策建议,以及有益技术扩散,并进一步为全球行动框架提供政治支持。然而,这样的连接尚属于软连接,要想构建全球统一的治理机制,未来还应效仿气候治理,在议程设置、数据标准化、核查机制、资金和技术方面逐步积累共识,最终通过自上而下的规划和自下而上的行动对接来实现。

第四节　中国的应对

针对海洋垃圾显然易见的治理态势以及日益浓厚的环保舆论氛围,所有国家都不得不提升关注程度并做出回应。我国是海洋塑料垃圾来源最多的国家,同时又是资金和技术有着显著改善的新兴大国,更需要一条相对清晰又能兼顾多方关切的参与路径,通过治理的有效性提升国际认可度。我国应秉承积极参与的姿态,着眼全球,以区域为重心,将海洋垃圾治理纳入南南合作框架,并以多种方式推动治理创新,最终提升我国自身的可持续发展能力。

首先,确立以我为主、积极参与的原则。对国际机制的参与有多种取向,一般分为领导、参与(包括积极和消极)、旁观、挑战等。在海洋垃圾治理议程中,挪威等国率先在欧盟内部发动辩论,说服欧盟各国、日本等国家一道推动治理变革,将"危险物"列入《巴塞尔公约》,又相继发布禁塑令,成为"规范创新者"、治理引领者。近几年,它们又积极通过科学模型、综合各方数据,估算世界各国向海洋输入的垃圾量,将各国置于道德层面进行审视。由此,对海洋垃圾治理已并非参与的问题,而是以何种姿态参与以及愿意付出多大成本的问题。我国参与海洋垃圾治理本质上应基于以下三方面考虑。一是向国际社会说明解决此问题的政治意愿,积极承担与自身能力相适应的国际责任,这显然是排放大国应有的政策取向。必须注意的是,伦敦的气候暴力抗议、瑞典"气候少女"表明环境议题高度政治化,我国应高度警惕欧美社会效仿在气候变化议题中的做法,将海洋垃圾问题打造成新的"政治正确",以此来对我国形成新的道德枷锁,因此参与仍需战略上确保以我为主。二是应着眼于自身可持续发展能力的提升,2015年厦门与旧金山、威海与纽约结成“防治海洋垃圾姐妹城市”,其治理成效说明国际合作可有效推动国内体制改革,也有助于吸纳关键性的治理资源,譬如科学技术、监测体系、工作方式等,由此各级政府的国际合作是有效的参与方式。三是塑造正处于演化进程中的海洋垃圾治理规则,无论未来是否制定单一性框架公约,未来的制度设计、政策工具如何,都需要合理界定我国的权利和义务,提升与其他国家合作效率。这样就应根据自身不断改善的治理能力提出针对性谈判方案,方案应该包括我国是否应该支持强制性的框架公约;西北太平洋、东亚等区域层面的行动计划是否要在借鉴其他区域治理模式,形成统一的监测和监管模式,等等。此外,在科学考察、监测体系方面,我国也应该尽快跟进,唯有如此才能为谈判提供足够的技术支撑。

其次,设计出分领域、分层次、分阶段的参与路径。分领域就是正视海洋垃圾治理高度碎片化的客观事实,工业倾倒、船舶、渔业、生物多样性等领域都有着不同的规制方案和技术标准,其中多数我国业已加入,应积极履行相关义务并尽可能将海洋垃圾治理的内容渗透其中,对于领域间的矛盾摩擦,我国则应根据客观治理的需要,在基于国情进行创造性解决的同时,向国际社会提出自己的处理办法。分层次就是要根据全球、区域和次区域等不同空间尺度制定出合理应对措施。在全球层面,我国应坚持多边主义立场,支持有利于提升治理绩效的改革,譬如《巴塞尔公约》修订案,针对是否需要单一框架公约的问题,要多头平衡,兼顾问题本身的治理需要、发展中国家的普遍诉求和我国的治理能力,接纳发达国家合理诉求的同时对其要明确提出要求。在区域层面,针对西北太平洋、东亚区域机制化建设等尚不完善的情况,应支持有治理经验且有意愿发挥领导作用的国家,譬如日本、韩国,发挥更大作用,同时积极推动与其他区域海洋计划的政策交流,审慎、有步骤地推进监管和监测体系的一致化,总的来说还是应将工作焦点放在国内,譬如当前国内开展的垃圾分类工作,因此推动国家行动方案和区域、全球多边机制的衔接很有必要。在次国家层面,赋权有条件的地方或者沿海城市开展务实的国际合作积累治理经验、提升治理效率。分阶段就是要根据海洋垃圾不断积累的情况、我国不断发展的治理能力进行阶段性调整。海洋垃圾治理是2030年可持续发展议程的一部分,面向2030年每三年的行动计划将呈现出何种阶段性效果,我国应有科学评估,并综合最新科技进展和区域机制化建设情况,制定出下一轮全球、区域和自身不同空间尺度的政策规划。

最后,将海洋垃圾治理纳入南南合作机制的同时,仍应积极与发达国家合作。海洋垃圾和微塑料治理需要所有国家的努力,目前发展中国家已成为排放的主要来源,其治理直接关系到全球治理成效。然而,发展中国家通常法律法规不健全、监测体系不完善、信息数据积累不足、资金技术匮乏,必然出现国际社会期待的确切结果—自身治理能力不足的矛盾。随着反全球化思潮纵深推进,发达国家尤其美国部分撤出全球治理,官方发展援助持续减少,发展中国家尤其排放大国只能依靠其他方式提升自身治理能力。譬如更多地使用市场和社会机制动员私营部门、非政府组织构建伙伴关系,更多地通过《全球行动纲领》、《区域海洋方案》等与国际机构合作,创新性地使用国内资源提升治理效率,但这些创新并非易事,需要实验主义精神,更需要解放想象力。作为新兴经济体,日益增长的治理能力使我国在很多领域既是"贡献者"又是"接受者",既是规则的制定者也是被规则规制的对象。由此,在诸多公约、行动计划的谈判进程中,我国应继续推动联合国环境规划署等多边组织构建专项性资金和技术转让机制,并在专项性资金和技术机制中要求发达国家在全球和区域两个层面承担明确透明的资金和技术义务。同时,我国还应像气候议题一样,将海洋垃圾治理纳入南南合作框架。目前,南南合作机制主要是双边机制,譬如中非合作论坛、中国—东盟合作机制等,方式方法也相对传统,譬如捐赠款项物资、进行人员培训、派遣技术专家,等等。未来应更注重多边方式,效仿"一带一路"倡议,联合日本、欧洲国家共同对第三方进行援助治理,这样有助于提升效率,同时也更为透明。将海洋垃圾治理纳入南南合作框架不妨碍强化我国和先进国家的合作。这里尤其要注重环保部门—海洋部门—经济部门等多部门协调的合作体系,充分发挥国内政府、企业和民间友好团体多种类型行为主体的作用,同国际社会中与该领域有关的非政府组织、基金会、私营部门、风险资本等构建各种类型的伙伴关系,也就是以宽领域视角推进治理变革,使源自发达国家的合作更多地符合发展中国家或者我国的实际需求,最终走出一条效率高、成本低、见效快的路子。

注释

1. UNEP, "Ad hoc Open-Ended Expert Group on Marine Litter and Microplastics Third Meeting," https://papersmart.unon.org/resolution/uploads/k194832_-_unep-aheg-2019-3-1.1_-_draft_report_-_25_11_2019.pdf.

2. Douglas Quenqua, "Microplastics Find Their Way Into Your Gut," https://www.nytimes.com/2018/10/22/health/microplastics-human-stool.html,访问时间:2019年11月30日。

3. Christian Schmidt, Tobias Krauth, and Stephan Wagner, "Export of Plastic Debris by Rivers into the Sea," *Environmental Science & Technology*, Vol. 51, 2017, pp.1224—1225.

4. http://www.weforum.org/docs/WEF_The_New_Plastics_Economy.pdf,访问时间:2019年11月4日。

5. Convention on Biological Diversity, "Marine Debris: Understanding, Preventing and Mitigating the Significant Adverse Impacts on Marine and Coastal Biodiversity," https://www.cbd.int/doc/publications/cbd-ts-83-en.pdf,访问时间:2019年11月20日。

6. G20 Osaka Leaders' Declaration, https://www.fsb.org/wp-content/uploads/G20-Osaka-Leaders-Declaration.pdf,访问时间:2019年12月2日。

7. 于海晴等:《海洋垃圾和微塑料污染问题及其国际进程》,载《世界环境》2018年第2期,第50—53页。

8. 王菊英、林新珍:《应对塑料及微塑料污染的海洋治理体系浅析》,载《太平洋学报》2018年4月,第79—87页。

9. "Outcome Document From the Third Ad Hoc Open-Ended Expert Group on Marine Litter and Microplastics," https://papersmart.unon.org/resolution/uploads/aheg_3_outcome_document.pdf,访问时间:2019年11月30日。

10. 孙畅:《海洋垃圾污染治理与国际法》,哈尔滨工业大学出版社2014年版,第48—51页。

11. 孙畅:《海洋垃圾污染问题的国际法规制:成就、缺失与前路》,吉林大学博士学位论文,2013年6月,第31—34页。

12. 查道炯:《亚洲海洋秩序与中美关系》,http://www.ccg.org.cn/Expert/View.aspx?Id=9302,访问时间:2019年4月14日。

13. "WWF's Response to the G20 Framework for Actions on Marine Litter," https://wwf.panda.org/wwf_news/?348676/WWFs-response-to-the-G20-framework-for-actions-on-marine-litter,访问时间:2019年12月15日。

14. 姚莹:《东北亚区域海洋环境合作路径选择——"地中海模式"之证成》,载《当代法学》2010年第5期,第134页。

15. Manila Bulletin News, "Nations Agree to Regulate Exports of Plastic Wastes," https://news.mb.com.ph/2019/05/14/nations-agree-to-regulate-exports-of-plastic-wastes/.

16. Jenna R.Jambeck, Roland Geyer etc., "Plastic Waste Inputs from Land into the

Ocean," *Science*, Vol.347, Issue 6223, 2015, p.769.

17. Christian Schmidt, Tobias Krauth, and Stephan Wagner, "Export of Plastic Debris by Rivers into the Sea," *Environmental Science & Technology*, Vol.51, 2017, pp.12246—12253.

18. Peter M.Haas, *Saving the Mediterranean—the Politics of International Environmental Cooperation*, (Columbia University Press, 1990).

19. 张春、高玮:《联合国2015年发展议程与全球数据伙伴关系》,载《世界经济与政治》2015年第8期,第88—105页。

20. Secretariat of the Convention on Biological Diversity, "Marine Debris: Understanding, Preventing and Mitigating the Significant Adverse Impacts on Marine and Coastal Biodiversity", https://www.cbd.int/doc/publications/cbd-ts-83-en.pdf,访问时间:2019年12月1日。

21. "A Global Plastics-Industry Pledge," https://www.marinelittersolutions.com/about-us/joint-declaration/,访问时间:2019年12月25日。

22. 田野:《国际制度的形式选择——一个基于国家间交易成本的模型》,载《经济研究》2005年第7期,第96—108页。

23. 全永波:《海洋污染跨区域治理的逻辑基础与制度建设》,浙江大学博士论文,2017年6月,第32—34页。

24. 于海涛:《西北太平洋区域海洋环境保护国际合作研究》,中国海洋大学博士论文,2015年6月,第81—91页。

第三部分

环境安全的中国路径

随着全球经济越来越和地方环境的脆弱性融合在一起，发达国家大都市消费对南方边缘地区的环境产生了颠覆性破坏。随着环境议程的位置不断提升，发达国家日益注重整体性环境治理，发展中国家则日益聚焦如何实现既定的发展目标、改善大众生活。发达国家试图在臭氧层保护、生物多样性、林业、渔业等议题上寻求突破时，发展中国家更愿意在市场准入、贸易、技术转让、发展援助和能力建设等方面取得实质性进展。因此，发达国家常常试图将全球环境恶化归咎于发展中国家人口过度激增以及经济资源配置不合理、经济无效率增长，发展中国家却认为环境恶化主要源自发达国家的历史责任，由此演化出偏好生态保护和偏好发展的两种环境主义，这两种环境主义要形成共识，必须妥协。20世纪80年代，勃兰特夫人创造性地提出了“可持续发展”概念，“可持续发展”话语赋予了处于不同发展水平的国家都能够获取自己期望的东西。与此同时，发展中国家的经济快速增长对环境容量、资源的消耗确实加快，人们对环境生存底线的忧虑加剧。这种背景下提出的环境安全本来可以凝聚双方共识，人类也确实比任何时候都需要更多共识，由此创造出“共同但有区别的责任”这一规范加以约束。可叹的是，发达国家则运用多种手段保持话语权、资源占有权和相应的领导权，发展中国家要实现自己的权利必须更好地利用国际环境机制，更努力地掌握科学知识和规则知识，双方环境外交的主轴也在此。中美是国际体系最大的发展中国家和发达国家，在上述环境安全格局中负有特殊责任，前者基于快速的工业化也对环境容量提出了越来越多的诉求，后者则以4%—5%的人口比例占有了全球超过20%的环境容量，由此如何两国的环境合作很大程度上会影响全球环境治理的整体面貌。我国已提出了科学发展观，转换经济发展方式，尽可能减少对环境容量的占有，全力维护全球环境安全。本部分聚焦从哥本哈根谈判到《巴黎协定》签署期间中国参与气候治理的路径，以及《巴黎协定》签署以来我国在全球治理体系中角色的部分转变，从对气候治理的参与可准确估算中国对全球环境安全的战略取向和完整思路。

第六章
中国参与国际气候制度的路径选择

人类显然为应对气候变化做出了艰苦卓绝的努力，但哥本哈根谈判过程中出现的各种方案、高潮迭起的外交波澜和出人意料的谈判结果说明，全球在发达国家减排指标、发展中大国限制排放增长、帮助贫穷国家适应气候变化，以及未来减排协议的“基本构架”四大基本问题上存在重大分歧。根据世界资源研究所(WRI)和美国能源信息署的碳排放数据，我国碳排放量已稳居全球第一位，甚至增量都等于美日之和，由此外交压力与日俱增。虽然我国已经提出了科学发展，努力转换经济发展方式，也宣布2020年单位国内生产总值的碳排放量在2005年的基础上减少40%—45%，但似乎仍不能说服发达国家中国已竭尽所能。伴随现代化进程的进一步提高，中国的国际责任要求也更为急迫。对外化解气候外交压力、对内实现低碳发展都迫切需要一条清晰的国际制度参与路线。

第一节　国际气候制度：目标、公平和效率

要探索中国参与气候制度构建的清晰路线图，必须首先了解国际气候制度的关键要素。经济学认为温室气体排放属于经济的外部性问题，解决外部性问题的政策工具一般是税收和总量排放权交易，然而温室气体排放的“总量效应”“全球性”“地域无差异性”和“时间无差异性”[1]决定了气候治理虽仍遵循私人成本和社会成本趋向一致的政策原理，但过程绝非简单，其关键便在于集体逻辑，而集体逻辑的形成过程一般也就是国际制度的构建过程。成功的国际制度一般都拥有若干关键要素：明确的治理目标、内嵌的伦理规范和为目标而设置的政策工

具。对国际气候制度来说,一般便是环境目标、政治公平和减排效率。在环境目标上,联合国政府间气候变化专门委员会(以下简称 IPCC)第三次、第四次危险性评估报告皆认为目前气候变化呈加速态势,不断上升的大气温度、融化的冰雪以及海平面升高已威胁到了人类生存和发展,因此为避免出现不可逆转的变化,人类必须把温度升幅阈值控制在 2 ℃以内,从而基本确定全球碳预算。在政治公平上,温室气体的累积特性决定了工业国家的主要责任,《联合国气候变化框架公约》亦规定了"共同但有区别的责任"和各自根据能力采取措施和行动,发达国家承担强制性减排义务,发展中国家则按照自己的能力减排,"巴厘路线图"规定所有发达国家缔约方都要履行可测量、可报告、可核实的温室气体减排责任,发展中国家采取可测量、可报告和可核实的行动。政策工具上,《京都议定书》设置了排放权交易(ET)、清洁发展机制(CDM)和联合履约(JI)三种灵活机制,并通过金融等衍生工具创造了碳市场,然而尼古拉斯·斯特恩指出,低碳或者无碳技术从根本上决定了可用于总量—排放权交易量多少,技术开发和应用非常关键。目前低碳技术主要有三种:源头上的低碳或者零碳新能源技术,如太阳能、风能;过程中的低碳生产技术,如钢铁公司先进的炼焦技术;末端的温室气体捕集、埋存技术,如碳捕获与储存技术(CCS),等等。[2]

环境有效性目标 2 ℃的确认、"共同但有区别的责任"以及太阳能等低碳技术政策似乎说明国际气候制度已内在具备了成功治理的诸多要素,然而实践却产生了与理论预期相反的结果。哥本哈根谈判说明京都制度内嵌的环境目标、政治公平和政策工具并没有自动成为后京都制度构建的基础,发达国家和发展中国家的共识在新形势下趋于瓦解,分歧日益增多(见表 6.1)。

这些分歧集中表现在以下三个方面。第一,2 ℃和 450 ppm 的治理目标是否恰当。小岛联盟却认为 2 ℃目标不足以避免它们的灾难,必须把 350 ppm 作为温室气体浓度的上限,但实际上早已超过这一上限。目前的 CO_2 浓度为工业化前水平的 145%,从工业革命前的 280 ppmv 上升到 2010 年的 390 ppmv,每年还增加 1.5—2 ppmv。第二,从公平角度看,"共同但有区别的责任"原则能否继续成为气候国际合作得以维系并取得进展的基础越来越具有不确定性。发达国家认为,中国等

表 6.1　气候谈判主要分歧

议题焦点	主要分歧
谈判架构	双轨还是并轨
长期减排共同愿景	2 ℃目标和 450 ppm 还是 1.5 ℃目标和 350 ppm
2020 年减排目标	在 1990 年的基础上减排 25%—40%还是 2005 年的基础上减排 17%
资金	2010—2012 年每年筹集 100 亿美元；到 2020 年，总数达到每年 1 000 亿美元的资金筹集，由政府主导还是以市场为主
技术	基于技术援助还是商业技术转移
可测量、可报告和可核实(MRV)	发达国家的资金与技术还是发展中国家的减排行动
其他	航空、航海领域的治理是否纳入国际气候制度，碳的边境调节税是否正当

资料来源：作者自制。

新兴大国的碳排放已占据世界排放增量的一半，如果发展中国家不承担减排义务，那么它们的任何努力都无助于问题的解决；小岛联盟和以最贫穷的国家为代表的一些发展中国家也认为，以中国为代表的新兴大国的碳排放猛增使它们遭受灭顶之灾，受到强制性减排的约束。第三，国际气候制度能否创造出可以自我增强的减排机制和政策工具，在降低发达国家减排成本同时，也能尽快促进发展中国家的经济增长与碳排放脱钩。虽然《京都议定书》特意设置了三种灵活机制并创造了碳市场，一些高效减排企业也因此获得了盈利的机会和动力。然而由于技术本身及其商业化应用方面的原因，这种盈利的机会和动力还只能局限于局部地区和某些行业，宏观经济层面的经济合理性并未实现。根据一些发达国家的数据，减排还可能导致失业率的上升，发展中国家的减排意愿必然大幅下降。以上几点充分说明，无论是环境治理目标、政治公平还是减排效率，国际气候制度都存在严重不足。

第二节　气候制度构建的基本路径：有效性和合法性

气候治理的本质是通过适当制度、渠道和工具实现减缓目的，内在使命就是通过对不同国家、群体的责任义务安排实现总体减排目标，其中政策工具使用规定着好坏。对减排结果的强调和对不同国家义务的分配过程的强调说明，气候制度构建存在两种路径：第一种以减排目标为导向，不管经济上付出多大的代价，不管政治上安排如何，全球都必须将温室气体浓度控制在合理预期内；第二种注重过程中的公平，全球总预算向国家目标的分解须符合相应的伦理规范观念，能够得到国际社会绝大多数国家的认同和接受。第一种路径通常被视为有效性，第二种路径通常被视为合法性，两者对国际气候制度都影响甚大。

要考察有效性和合法性对国际气候制度的影响，我们就需要仔细深入了解它们的一般含义。在政治科学原理中，合法性即为人们对政治体系的认同和接受，对合法性影响最大的因素便是人们的价值观念；有效性为该政治体系的治理绩效。一般说来，合法性是有效性的前提，有效性是确保合法性的根本手段。在谈到两者关系时，一些人曾毫不犹豫地指出，即使缺乏"正统性"的"政治体制"，只要它能长期成功地满足人们对"效用"的期待，其"效用"不久就可能转化为"正统性"，反之如果长期在满足"效用"方面遭到失败，那么就可能使原来具有的"正统性"受到损害乃至全部丧失。[3]虽然合法性和有效性互为目的、互为手段，但这并不表示两者不存在质的分野，制度构建中以有效性为导向和以合法性为导向的路径仍然存在实质性差异：前者以政治绩效为制度目标，只要现存制度架构存在绩效提高的可能，那么就可以通过权力结构调整和有计划的体制变革来实现绩效，无需改变目前的制度架构；以合法性为导向的路径则从价值出发，寻求与价值相一致的政治运转方式，由于价值一般触及深层次的政治逻辑价值，一旦发生变化必然导致制度架构的整体性变化，因此基于价值视角的制度构建往往要比基于政治有效性的制度构建来得激进。在具体形式上，政治有效性视角的制度构建显然较为缓慢，形式也更为渐进，而非革命。[4]无论有效性还是合法性路径都不能抛弃对方，有效性构建必须保证合法性的逐渐累积，而合法性供应（比如市场经济、社会民主和制度转型）也必须保证有效性，否则任何不顾一方面的行动都会因招致不可调和的矛盾而失败。

虽然国际制度和国内政治存在本质区别，国际社会并没有中央政府统一权威，但国际制度变迁同样存在合法性和有效性两个基本纬度。

奥兰·扬指出,国际制度和国内制度存在一致性,其构建都建立在一系列社会行为坚信的基础上,坚信的基础就慢慢演化成了规范、原则和准则体系,并进一步成为合法性来源。不仅如此,在全球化和开放社会的推动下,国际社会还出现了新兴的民主化浪潮,随着国际制度对国家利益影响程度的加剧,国家参与全球事务的诉求高涨,能否恰当回应这种民主压力就成为衡量国际制度合法性水平的重要纬度。既然国际制度具有规范和参与双重意义上的合法性,反过来说国家一旦接受该国际制度也就应从规范性和参与性上为有效性奠定基础。奥兰·扬指出,"有效性是用以衡量社会制度在多大程度上塑造或影响国际行为的一种尺度","国际制度的有效性,与国内制度的有效性一样,可以从能否成功地执行、得到服从并继续维持角度来加以衡量"。[5]既然制度有效性根本就在于制度确定的义务能否得以实现,那么义务能否执行便成为考察的重点。现实主义尤其新现实主义认为,国际体系的无政府属性决定了霸权国和关键大国主导国际制度才能保障目标的实现,为实现制度目标,成本基本上不予以考虑;自由制度主义认为国家是理性的行为体,国际制度作为一项公共物品限制了相关行为体的机会主义,降低了交易成本,促进了信息共享,不同领域、不同的构建过程便使得制度效率和有效性出现了不同的结果;建构主义认为国际制度有效性主要在于观念认同和身份变化,如果国际制度成功塑造了行为体的利益和身份,制度不但产生了约束行为,而且还创造了国际政治认同,无论是政治目标还是制度效率都是高效的,因为大家都认为有义务这么做。[6]

主流国际关系理论解释了国际制度有效性和合法性的影响因素和它们之间相互联系,也说明以合法性为导向和以有效性为导向的两条路径存在实质性区别。以有效性为导向的路径往往以提高制度的运行效率为目标,比如通过制度创新来增加灵活措施、降低制度执行的成本,通过互惠、联系和声誉政策,以软法约束既定国家朝着制度目标迈进,赋予国家特定情况的惩罚权以提升遵约(compliance)水平,等等。这些措施显然是现有国际制度体系下的边际改进,改变的只是实现制度目标的政策工具和手段,而没有根本性颠覆原有制度的权利义务分配。和有效性路径不同,以合法性为导向的路径以提升世界上绝大多数国家认同和国家参与为目标,如果国际规范发生转移,那么建立在规范基础上的权利义务必然发生变化,权利义务的制度安排也必然发生重大改变。

国际制度构建存在合法性和有效性的基本路径说明,采用不同的构建切入点、操作手段、路径选择会出现很不一样的后果,这种判断同样适用于国际气候制度。表 6.2 是主流国际关系理论对全球变暖议题的研究,鲜明揭示了影响国际气候制度构建的诸多要素,这些要素在诸多谈判议题和条款上得到鲜明体现(表 6.3),即减排分担责任、减排负担公平性、如何减量、发展权和不确定性几个方面。

表 6.2 主流国际关系理论对国际气候制度的解读[7]

主流国际关系理论对全球变暖的解读和主要成就范式	核心概念	全球变暖国际合作的假设	目前对全球变暖的解释力
现实主义/新现实主义	霸权稳定权力	主要大国决定全球变暖国际合作规则	毫无疑问权力扮演主要内容,美国的地位尤其重要,当然一些大国也可以施加相当程度的影响力
历史唯物主义	世界经济中的权力不对称	资本决定着全球气候变暖的规则,也就是北方国家将偏好强加给南方国家	包括许多资本因素的政治活动(石油公司的游说),然而南方国家和北方国家内部的分裂可能比预料的要大
新自由制度主义	契约式的:无政府下的合作,效用最大化	如果行为主体认为全球变暖造成的损失要比收益大,那么全球就会达成减排规则	在分析不同行为主体的利益需求方面具有优势,然而全球气候变暖的合作历史说明合作比预料的来得容易
新自由制度主义	构成性的:组织和制度	正式组织和非正式组织(游戏规则)将促成全球气候合作	国际结构非常重要,虽然不是决定性的
认知主义	认知共同体,科学和政策,在不确定和复杂条件下的政策制定	政策制定者身边的专家们将极大地影响全球气候变暖议程	议程设置阶段认知主义表现最为显著,但在谈判和达成协议阶段作用相对下降

表 6.3　气候谈判的主要议题

谈判议题	框架公约的相应条款
减量分担责任	责任不同:成员承担共同但程度不同的责任与能力,"附件 1 成员"需率先承担责任,采取行动,防治温室气体的排放(公约 3.1 条)
减量负担公平性	公平原则:应将公约中有特别需求或面临特殊状况的成员(特别是发展中国家)所可能承担之不成比例负担或反常负担列入公平考虑(公约 3.2 条)
如何减量	防范措施:采"经济有效"及"最低成本"措施防治气候变暖(公约 3.3 条)
发展权	经济发展:成员有权促进可持续发展,并将经济纳入防治气候变迁的关键考虑因素(公约 3.4 条及 3.5 条)
不确定性	不确定性:各缔约国应采取预防措施,减缓不利影响,不应该以科学上的不确定性作为推迟采取措施的借口(公约 3.3 条)

与合法性有关的主要有减排分担责任、减排负担、发展权和不确定等方面,由于京都机制一开始就将所有国家纳入协议范围并确立了缔约方大会的谈判形式,因此不存在国家参与意义上的合法性,这样合法性便集中到一点,即"共同但又区别的原则"这一规范上。然而,哥本哈根谈判的结果说明作为国际气候制度规范基础的"共同但又区别的责任"并没有得到欧美等发达国家的认同。第一,在舆论和实践上,以欧美为代表的发达国家并没有放弃对发展中国家尤其是新兴大国的强制性减排责任的要求,它们始终认为,如果中国等主要发展中大国不实行减排,那么发达国家的减排努力会造成产业竞争力削弱和碳减排转移"泄漏",因而越来越积聚起"碳关税""碳惩罚"等的动力。第二,在理论上,发达国家的学者接连抛出了基于不同规范的谈判方案(见表 6.4)。

表 6.4　目前国际社会提出的温室气体减排方案[8]

已提出的机制	来　　源
《京都议定书》	联合国
支付能力	雅各比等(Jacoby et al.), 1999 年
实施经同意的国内碳税	库珀(Cooper), 1998 年
自下而上的方案	莱因斯坦(Reinstein), 2004 年

(续表)

已提出的机制	来　源
巴西案文	巴西,1997 年
一个面广而力度浅的开始	施马棱瑟(Schmalensee),1996 年
气候马歇尔计划	谢林(Schelling)1997 年,2002 年
紧缩与集中	迈耶(Meyer),1998 年
趋同的市场	坦根和哈塞尔克里浦(Tangen and Hasselknippe),2005 年
国内混合型交易制度	麦基宾和威尔科克森(McKibbin and Wilcoxen),2002 年
双重强度目标	金和鲍默特(Kim and Baumert),2002 年
双轨制	龟山(Kameyama),2003 年
减排成本等同	巴比克尔和伊考斯(Babiker and Eckaus),2000 年
扩展的共同但有区别的责任	古普塔和班达里(Gupta and Bhandari),1999 年
进一步区分	瑞典环保署(SEPA),2002 年
全球性框架	气候行动网络(CAN),2003 年
全球性偏好计分	穆勒(Müller),2001 年
全球"三位一体":一种自下而上的方案	格罗能伯格等(Groenenberg et al.),2004 年
毕业和深化	麦克罗瓦等(Michaelowa et al.),2005 年
增长基准线	哈格雷夫等(Hargrave et al.),1998 年
协调碳税	诺德豪斯(Nordhaus),2005 年
基于人文发展的碳预算	潘家华,2005 年
混合型排放交易	阿尔迪等(Aldy et al.),2001 年
为适应提供保障	耶格(Jaeger),2003 年
国际能效协议	二宫(Ninomiya),2003 年
简化和淡化协议	古普塔(Gupta),2003 年
长期限额计划	佩克和泰斯伯格(Peck and Teisberg),2003 年
多层结构	日本经济产业省(METI),2003 年
多行业趋同	斯吉姆等(Sijm et al.),2001 年
多阶段	霍恩等(Höhne et al.),2005 年
多个条约构成	杉山和辛顿(Sugiyama and Sinton),2005 年

（续表）

已提出的机制	来　源
并行不悖的气候政策	斯图尔特和威纳（Stewart and Wiener），2003 年
人均分配	阿加瓦尔（Agarwal），2001 年
组合式方案	本尼迪克（Benedick），2001 年
购买全球公共产品	布拉德福德（Bradford），2004 年
安全阀	皮泽（Pizer），2005 年
与买方责任结合的安全价值	维克多（Victor），2003 年
排放增长的安全着陆	布兰查德（Blanchard），2002 年
南北对话	奥特等（Ott et al.），2004 年
以可持续发展政策应对	温克勒等（Winkler et al.），2006 年
以技术为支撑的议定书	埃德蒙兹和怀斯（Edmonds and Wise），1998 年
以技术为中心的方法	巴雷特（Barrett），2003 年
由三部分构成的政策架构	斯塔文斯（Stavins），2004 年
发达国家的两部分承诺	勃坦斯基等（Bodansky et al.），2004 年
《联合国气候变化框架公约》影响响应机制	穆勒（Müller），2002 年
扩展气候机制	托旺格尔等（Torvanger et al.），2005 年
共同但有区别的趋同	霍恩等（Höhne et al.），2006 年
圣保罗案文	BASIC 项目，2006 年
全球气候授权制度	威克（Wicke），2005 年
瑞典大瀑布电力公司建议案	瑞典大瀑布电力公司（Vattenfall），2006 年
温室发展权利	阿萨纳西奥和鲍尔（Athanasiou and Baer），2006 年
行业减排方案	施密特等（Schmidt et al.），2006 年
行动目标	鲍默特和古尔德伯格（Baumert and Goldberg），2006 年
“两个趋同”的分配方法	陈文颖等，2005 年
以人类发展指数（Human Development Index，简称 HDI）分类为基础的四分组原则	胡鞍钢，2008 年
建立基于人均累计排放指标基础上的全球责任体系	丁仲礼等人，2009 年
国家温室气体排放账户	国务院发展研究中心，2009 年
人均历史积累消费排放	樊纲等人，2009 年

这些方案或以气候减排结果来进行衡量,或以国家排放总量为基础,或以碳生产率和碳减排成本作为标准,其最终目的只有一个,即获得最大排放权,发展中国家应更加努力减排。以《京都议定书》为核心的国际气候制度不仅合法性上遭受挑战,有效性上也面临相当不足。经过欧盟的努力和积极塑造,2 ℃和 450 ppm 浓度已成为国际气候制度的治理目标,尽管世界各国已多多少少采取若干行动,但实施情况并没有预想的那么好。根据一家碳行动监测组织的数据,从 2000 年到现在,中国的碳排放量已从 25.2 亿吨上升到目前的 62.4 亿吨,美国则从 54 亿吨上升到 56.4 亿吨,德国从 8.06 亿吨上升到 8.58 亿吨,日本也从 7 亿吨上升到 8.28 亿吨,同时澳大利亚、加拿大等主要发达国家的排放量也在大幅上升。[9]由此可见,2008—2012 年第一承诺期内,无论发达国家还是发展中国家,大多完不成预期目标,国际气候制度约束力不强特征异常突出。

国际气候制度合法性和有效性存在不足的逻辑自然提出了国际气候制度改革问题,而改革必然面临路径选择问题:是以合法性为导向还是以有效性为导向?合法性路径从根本上联系着“共同但又区别的责任”这一规范,京都议定书附件 1 国家和非附件 1 国家的划分使得发达国家的减排指标、发展中大国限制排放增长成为合法性路径的核心。有效性路径着眼于减排后果,而减排后果除了与政策措施有关外,还与技术、生活方式紧密相关。对发展中国家来说,避免固定投资和发展路径的锁定效应尤为关键,而破除该效应的关键在于资金技术,只有低碳有益技术在发展中国家得到广泛应用并同时以足够资金推动生产过程低碳化,才能确保发展中国家最大程度地实现减排。然而这里吊诡的是,发达国家并没有实现低碳发展模式的经济合理性,也没有向发展中国家展示如何向低碳模式转型的路径和策略。国际气候制度虽特意设置了意在促进资金、技术转移的清洁发展机制(CDM)和全球环境基金(GEF),但现存知识产权体制和对国家核心竞争力的忧虑却阻碍了国际气候治理中的有益资金技术从发达国家向发展中国家的流动,使得发展中国家的减排成本急剧上升。增强国际气候制度的有效性就意味着在不涉及基本权利义务的前提下需要在以下几方面做出改变:第一,增加目前各国行动的透明性,增加可测量、可报告、可核查的温室气体信息通报;第二,改革现有的以碳排放权为核心的政策措施,实现更大范围和规模上的碳减排,为国际协同创造更有力的政策体系;第三,尽快构建对发展中国家更为有利的资金、技术转让机制,加大对气候脆弱性国家的支持力度。当然,无论是以合法性为导向的路径,还是以有效性为导向的路径,都不可能放弃对方的方案。以合法性为导向的路径颠覆了“共同但有区别的责任”,就需要证明替代方案在有效性上比现有方案要好,而该方案对发展中国家构成的责任义务不会比现有的更强。以有效性为导向的路径需要不断累积国际气候制度本身的合法性,发展中国家需要根据自己排放总量随时修正减排路线图,以争取实现历史累积排放—自身能力—减排总量的动态统一。这实际上形成了国际气候治理的两种路径:一种是在有效性中累积合法性,即在追求国际气候制度目标的前提下,尽可能使国际社会绝大多数成员认可环境责任和义务的分配,这种路径一般不颠覆现有安排,不“另起炉灶”,而是在制度架构下通过政策工具满足各方期望;另一种是在合法性中累积有效性,即不管目标如何,先追求国际社会绝大多数成员对各自环境义务的接受,至于这种义务和目标的完成情况如何暂且不论。

第三节　在有效性中累积合法性:中国参与国际气候制度构建的路径选择

国际气候制度合法性和有效性的双重不足提出了后京都制度构建的路径选择问题,气候变化对经济社会的全面渗透和与生产、生活的紧密联系说明,后京都气候制度安排本质上是一个环境容量分配和低碳创新的竞争力问题,因此选择什么样的博弈路径绝不仅仅关系到温室气体减排,而且与自身的经济发展模式、生活方式变革和国家核心竞争力深刻联系起来。正因为如此,德特勒夫·斯普林兹(Detlef F. Sprinz)和马丁·韦伯(Martin Weib)等人根据生态脆弱性—减缓成本分析框架先后划分出了拖后腿者、观望者、先锋、协调者四种类型的国际气候制度博弈者。[10]一般来说,拖后腿者和观望者认为现有的规范和制度已成为其实现利益约束而倾向于合法性为导向的路径,先锋和协调者则认为目前的制度安排虽不如人意,但仍应在此基础上进行修正,由此维护还是反对《京都议定书》确立下来的规范和具体安排便也成为区分以合法性为导向的路径和以有效性为导向的路径的基本标志。

既然如此,那么哥本哈根谈判背景下,中国作为发展中国家,又是最大排放国,应采取何种路径面临重大抉择。国内有学者指出由于人均国内生产总值已达到相对较高水平,按照人文发展指数和污染者付费原则,中国政府应"尽快承诺中国的减排义务,公布中国减排路线图,促成全球减排协议的达成,成为全球气候治理的领导者之一。从长期看,中国领导人应当以人类利益的高度和长远的眼光审视低碳经济的发展和中国的减排义务,领导国家实现经济转型和治理转型,为人类发展作出绿色贡献"。[11]与这种观点相反,国内也有学者指出,目前国际社会主要方案IPCC方案、紧缩—趋同方案、巴西案文、温室气体排放权方案、圣保罗方案都有悖于国际关系中的公平正义原则,按照发达国家即IPCC方案的减排设计路径,占全球人口15%的发达国家仍能占用40%以上的排放空间,而占全球人口85%的发展中国家只能占用50%多的排放空间,这完全违背"共同但有区别的责任"规范,因此没有资格作为今后国际气候变化谈判的参考。[12]他们还指出,即使在450—470 ppm这样严格的大气二氧化碳浓度控制目标下,中国亦有足够的逻辑和道义支持获得与这个预期相当的排放权。比较国内这两种有代表性的参与气候制度的观点可以发现,他们都否定了作为国际社会主流的IPCC方案,但两者有着明显区别。前者不但否定了IPCC方案,而且对中国自身提出了强制性减排要求,从根本上颠覆了《京都议定书》,使得国际气候制度总体遵循了一种以合法性为导向的路径;后者也否定IPCC方案的引导,但并没有否定"共同但有区别的责任"的正确性,只不过主张以人均累积排放作为减排义务的基础,指向的核心仍然是发达国家和发展中国家不同的减排责任和碳排放权,因而仍然属于以合法性为导向的路径。以合法性为导向的路径最大的特点是否定既定方案,颠覆原有制度架构和规范共识,"另起炉灶",那么否定这两种方案是否具有可行性呢?或者说,否定了目前的谈判架构和制度框架,对中国来说,能否在有效降低全球总排放的同时,又不承担超过自身能力的责任呢?第一种方案显然不可行,因为单边式的自我要求不但不符合任何变化都不应恶化最不利者的伦理公平,使中国环境容量遭受限制,而且还会使发展中国家的政治分裂在所难免，从而失去了旨在增强减排能力、获得更多资金技术援助的道义基础和制度保障，从长远来看对减缓气候变化也是相当不利的[13]。至于第二种方案，否定气候谈判已有共识，要求发达国家承担更多义务，这种要求具备道德上的正当性，然而在政治上却并不具备现实的可操作性。共识是气候制度构建的基础，在世界各国对气候性质的认知越来越清晰、利益博弈属性越来越突出的情况下，如果没有起码的政治共识，后京都制度构建的可能性便会荡然无存，否定目前由联合国主导治理的局面、采纳人均历史累积排放为基础的方案实质上也就否定了目前已经取得的共识，会使后京都气候制度构建的可能性大大降低。

无论是对自身提出过高要求，还是对别人提出更高要求，都不能在目前的国际框架下得到最大限度的认同和充分的合法性，更不可能成为国际气候制度构建的基础，中间道路便是最佳选择，那么中间道路又是什么呢？这便是“巴厘路线图”的道路，京都机制不仅规定了基本规范，而且对发达国家和发展中国家的权利义务做出了详细安排；更为实施该种安排设置了灵活措施，在这种制度框架下，发达国家仍然可以确保体面生活所需要相当份额的碳预算，发展中国家基于自身经济政治发展需求无需承担强制性责任；又为全球规定了制度目标，从而实质性为双方提供了能够融合的交集。既然坚持“共同但有区别的责任”的IPCC方案已成为后京都制度构建的最佳选择，如何保证制度有效性便成为核心考量，问题便转变为如何在发展中国家不承担强制性减排任务而发达国家实行强制性减排极其有限的情况下实现既定制度目标。唯一的途径便是创造发展中国家主动减排、发达国家能够实现减排的激励机制，这种激励机制成功的关键便在于发展中国家的能力建设，能力建设的核心又往往是资金技术，这样一来，发达国家对发展中国家援助的资金技术力度就成为制度架构的关键。其实对发展中国家而言，减排并不取决于低碳技术的创新力度，而是取决于低碳技术的应用，然而当前强调专利权和付费的知识产权体制使发展中国家应用低碳技术的成本无限提高，实证也证明低碳技术的商业扩散作用有限[14]，因此如何构建更为有效的技术扩散机制便成为核心要素。除了技术，最重要的便是资金。对发展中国家尤其受气候脆弱性影响最大的极端贫穷国家来说,资金某种程度上就是生命线,然而目前的气候制度的资金供给严重不足,仅仅依靠清洁发展机制或者其他形式的政府开发援助显然不能满足需要。在这种情况下,建立某种形式的气候基金以实现市场和政府资金供给多样化也应成为理所当然的行动(比如建立基于行业的清洁发展机制)。对有效性影响很大的还有透明性,即国家行动的可测量、可报告和可核实(MRV)。诸多理论和实践都证明,透明性不仅能够核实具体的行动和减排额,还能成为推动各国行动的动力,因此理应成为国际气候制度的内涵。这些需要指出的是,可测量、可报告和可核实不仅包括世界各国的实际减排量,还包括发达国家向发展中国家的资金、技术转移和资金、技术的具体使用。如果国际气候制度的有效性得到了保证,其合法性必然也就得到了累积,未来相当一段时间内,中国在气候谈判过程中除了坚持要求发达国家承担 IPCC 方案的减排义务外,也应让资金、技术转让成为谈判焦点。

小　结

由于发展模式和技术锁定的原因,气候环境容量对中国等新兴大国发展构成了实质性影响,某种程度上已成为最主要的限制性要素,中国迫切需要在发展软实力、成本负担和发展模式转换之间作出艰难平衡。由于国际气候制度实质性规定一国允许排放的数额,而数额分配又与各国博弈密切相关,这必然涉及价值规范、国际权力结构,以及历史至今的温室气体排放,综合这些因素逐渐形成了合法性为导向的和有效性为导向的两条不同的构建路径。以合法性为导向的路径直接关系到世界各国的权利、义务,而这些权利、义务必须满足世界上绝大多数国家的愿望和自然正义观念,“共同但有区别的责任”反映了这种诉求。然而在利益驱动之下,发达国家的种种言行说明它们并没有完全接受这一原则,因此遵从国际社会发达国家和发展中国家的区分,坚持维护国际社会核心规范和有效共识,推动发达国家实现 IPCC 列出的 2020 年在 1990 年基础上无条件减排 25%—40%的目标,发展中国家根据自己的能力采取行动便成为必然选择。既然“共同但又区别的责任”成为后京都气候制度的规范基础,那么发达国家和发展中国家的权利、义务分配就基本确定了，如何确保制度有效性就成为制度构建的重要目标，而有效性主要和资金、技术、透明性有关，这些方面的制度构建就成为重中之重。需要指出的是，资金、技术虽是有效性的基础，但与合法性也直接相关，正是"共同但有区别的责任"建立了发达国家向发展中国家进行资金、技术转让的道德正当性，因此在国际构建制度过程中，在以各种减排政策实现有效性的同时，也必须累积合法性。这种合法性除了发达国家的减排外，发展中国家也应该尽快根据自己的国情，实行力所能及的自主减排。在有效性中累积合法性，我国不应置身事外，应尽快根据气候治理绩效，将内外链接的行动转化为国际社会对中国义务承担的认同，既有效推进后京都国际气候制度构建，又实实在在维护自己的利益和形象。

注释

1. 陈洪波：《京都灵活机制与全球碳市场》，载潘家华主编：《应对气候变化报告——通向哥本哈根》，社会科学出版社 2009 年版，第 243—244 页。

2. 中国城市科学研究会：《中国低碳生态城市发展战略》，中国城市出版社 2009 年版，第 115—116 页。

3. 周丕启：《合法性与大战略——北约体系内美国的霸权护持战略》，北京大学出版社 2005 年版，第 70 页。

4. 林尚立：《在有效性中累积合法性：中国政治发展的路径选择》，载《复旦大学学报》(社会科学版)2009 年第 2 期，第 54—56 页。

5. [英]戴维・米勒等主编：《布莱克维尔政治学百科全书》，邓正来译，中国政法大学出版社 1992 年版，第 187—189 页。

6. 随新民：《国际制度的合法性与有效性——新现实主义、新自由主义制度和建构主义三种范式比较》，载《学术探索》2004 年 6 月，第 69—74 页。

7. Ian H.Rowlands, "Classical theories of international Relations," in Urs Luterbacher and Detetlef E. Sprinz eds., *International Relations and Global Climate Change*, London: The MIT 2001, pp.49—50.

8. 这些方案总的特点是：(1)如何减排的建议多，如何激励技术创新的建议少；(2)单独制定气候政策的建议多，将气候政策置于其他政策领域主要地位的建议少；(3)主张用市场手段解决气候变化的建议多，意识到市场手段的缺陷特别是在国际层面存在不足的建议少；(4)主张以联合国为主建立机制的建议多，今后基于区域和行业建立更分散的机制的建议可能增加；(5)研究减排的建议多，分析如何将减排与适应相结合的建议少。Onno Kuik, Jeroen Aerts, et al., "Post-2012 Climate Policy Dilemmas: a Review of Proposals," *Climate Policy*, Vol.8, 2008, pp.318—319，引用时有修改。

9. Carbon Monitoring For Action, http://carma.org/dig/show/world+country#top.

10. Detlef F.Sprinz and Martin Weib, "Domestic Politics and Global Climate policy,"

in Urs Luterbacher and Detetlef E. Sprinz eds. *International Relations and Global Climate Change*, p.69.

11. 胡鞍钢:《通向哥本哈根之路的全球减排路线图》,载《当代亚太》2008 年第 6 期,第 22—38 页。

12. 丁仲礼:《国际温室气体减排方案评估及中国长期排放权讨论》,载《中国科学 D 辑:地球科学》2009 年第 12 期,第 1659—1671 页。国内其他一些学者也提出了一些类似的方案,比如潘家华提出了基于人文发展的碳预算;国务院发展研究中心提出了温室气体排放国家账户;樊纲等提出了人均消费历史累积排放,这些方案都有一个共同点,即发达国家都必须承担比 IPCC 方案更多的减排义务。

13. 克里斯托弗・司徒博:《为何故,为了谁,我们去看护》,载《复旦大学学报》(社会科学版)2009 年第 1 期,第 68—79 页。

14. 邹骥、许光清:《环境友善技术开发与转让问题及相应机制》,潘家华等主编:《应对气候变化报告》,社会科学出版社 2009 年版,第 123—147 页。

第七章
中国在气候治理中的角色转变

《巴黎协定》于2015年底正式达成、2016年11月马拉喀什谈判前夕正式生效向国际社会释放出强烈信号：气候变化正走上切实解决的正常轨道。尽管如此，人们仍有理由对该协定的落实感到担忧，主要原因在于：(1)各自提交自主贡献方案和确保2℃升温排放限值仍有差距，1.5℃目标更难以实现，联合国环境规划署发布的2016年《排放差距报告》准确地展示了这一点[1]；(2)核心规范“共同但有区别的责任”有所褪色，发达国家和发展中国家在减排目标和资金机制方面缺乏区分，发展中国家的责任、义务被强化；(3)作为协议实施的核心工具，资金机制尚缺乏法律强制力和可执行的路线图。国内外舆论在分析《巴黎协定》何以达成且一再获得推进而2009年哥本哈根谈判却失利时，普遍认为这是排放大国推动的结果。譬如中美在2014年、2015年分别达成《中美气候变化联合声明》《中美元首气候变化联合声明》，中法达成《中法元首气候变化联合声明》。与此同时，“基础四国”也进行了协调，表达了对《框架公约》原则的坚持，以及资金、技术、适应在未来行动中的重要性。这些声明为气候多边谈判注入强大动力，也实质性地扫除了国际社会达成协议的主要障碍，此后中美又一再发挥引领作用，不但发布了第二份《中美元首气候变化联合声明》，而且还在二十国集团杭州峰会期间率先提交法律文件，实质性地推动了该声明的最终生效。因此，一些舆论认为，随着新兴经济体的崛起，气候治理格局显著改变，只要中美两个大国取得共识，那么就可实质性推进人类的共同事业，中国和美国一起在全球治理议题上担任国际引领角色。[2]也有舆论指出，中国在哥本哈根进程中就扮演了国际引领角色，然而《巴黎协定》进程中的国际引领和《哥本哈根协议》进程中的国际引领明显不同。哥本哈根进程的国际引领强调竞争、发展中国家内部协调和集体谈判，巴黎进程的国际引领则偏向气候整体治理，旨在推动达成包括尽可能多缔约方的政治意愿和实际政策。中国一边积极和美、法等发达国家共同进行国际引领，另一边又和“基础四国”协调立场，要求发达国承担责任，这不免进一步提出关键问题，即中国国际引领的角色是如何体现的？又何以完成前后两种国际引领的转换？未来又将如何演变？这里总的判断是，的确中国在政治层面和美国共同承担了国际引领，然而技术层面仍与国际社会的期待有较远距离，属于不全面的国际引领，要形成全面的国际引领仍需要在技术性议题上进行更多的能力建设。

第一节　坚实的国际政治引领

南北两大阵营一直是全球应对气候变化的基本政治格局，在这种格局下，以“共同但有区别的责任”为核心的规范内嵌发展中国家和发达国家完全不同的政治责任，虽然以美国为首的伞形集团明确对此表示异议，但欧盟和诸多发展中国家仍积极行动，为全球减排作出重大贡献。然而在国际金融危机的冲击、各国经济明显不振的格局下，两大阵营、三大谈判群体拒绝妥协的态度日益坚决，最终酿成哥本哈根谈判的失利，基础四国和美国只是达成意向性的《哥本哈根协议》，国际社会更对全人类是否可成功应对气候变化充满忧虑。经过大约 5 年的相对沉寂，中美两个联合声明的发表，使人们忽然发现气候治理的基本格局发生了巨大变化，中美似乎取代欧盟成为全球气候治理的有力推动者。[3]这是否意味着中美分别作为发展中国家和发达国家两大阵营的主要代表，正携手合作共同承担责任？即中国逐步放弃气候治理中的发展中国家身份、接受类似发达国家的责任义务，而美国也准备放弃“拖后腿者”的身份，承担本属于自己的责任。因此，中国在巴黎谈判进程中的政策多大程度上改变了原先的纯粹对发展中国家权利的坚守和承担主要协调者的定位值得评估。对中国参与国际气候变化机制的角色分析一般类似于对国际机制的参与分析，大致分为领导、参与（包括积极和消极）、旁观、挑战等多种。按照斯蒂芬·克拉斯纳的定义，“国际机制是在某一特定问题领域里组织和协调国际关系成套的含蓄和明确的原则(principles)、规范(norms)、规则(rules)和决策程序(decision-making)”,按照国内学者分析,国际机制可主要分为原则—规则,或者说规范—执行两大层面。[4]笔者认为,除了上述两大层面,还有合作意愿,正是这种合作意愿决定了总体性的政策取向,而这种政策取向常随其他客观情势而发生颠覆性变化,譬如美国基于政党政治,合作意愿急剧变化,2001年退出《京都议定书》,澳大利亚、加拿大等国要么退出《京都议定书》,要么明确表示不履约。[5]由此笔者构建了意愿—规范—行动三个层次的角色分析框架,其中意愿、规范为定性分析,行动则是定量分析,通过定性和定量融合可清晰发现,从哥本哈根谈判到巴黎谈判再到《巴黎协定》的生效,中国确实提供了坚实的政治引领。[6]

首先是合作意愿。1992年《框架公约》缔结以来,中国就一直扮演积极的角色,展现了明显的政策连续性。无论是1997年《京都议定书》、2009年《哥本哈根协议》,还是2015年《巴黎协定》,中国都始终积极参与其中。中国始终坚决主张新缔结的协议必须在公约框架下(under the Convention),认为任何偏离公约的谈判都不可能实现令人期望的政策效果。这意味着其他非正式机制只能发挥互补和促进的作用。更重要的是,在《哥本哈根协议》和《巴黎协定》的几次缔约方大会上,发达国家阵营都不断传出要以全新协议替代《框架公约》的声音,试图将二轨谈判合并为一轨。虽然中国都明确表示了反对,展示了维护《框架公约》不可动摇的决心。2012年底,虽然中国产生新一届领导层,负责谈判的官员也有所变化,但无论何种意义上,中国对待《框架公约》的政治意愿都没有改变。国内有学者认为,尽管公约框架本身没有变化,但治理模式却从“自上而下”过渡到了“基于预期国家自主贡献”的“自下而上”,由此坚持《框架公约》的政治意义发生了根本性变化。[7]笔者对此并不认同,“自下而上”并非不可比较,只是基于法律强制力的目标替换成了基于透明性的自我承诺,法律约束力并没有发生变化。实际上,《京都议定书》对伞形集团成员提出的法律强制力的目标也并没有得到落实,《框架公约》的落实仍能以可比的方式进行。由此可见,中国参与全球气候治理的合作意愿有着明显的连续性和稳定性。

其次,在原则规范层面,观照哥本哈根和巴黎两次谈判进程,中国一直坚持“共同但有区别的责任”,并且反对欧盟动态和调整的方式进行，这意味着中国认定自身属于发展中国家，拥有发展中国家的全部权利，承担的也只是发展中国家的义务。温家宝总理在哥本哈根谈判大会上明确指出，"'共同但有区别的责任原则'是国际合作应对气候变化的核心和基石"[8]。在巴黎气候谈判大会上，习近平主席明确指出，"协议应该遵循公约原则和规定"[9]。尽管"共同但有区别的责任"这一原则或者规范没有变化，然而"基于预期国家自主贡献"的"自下而上"治理模式却可使这一原则和规范不再是有效区分南北两大阵营的责任义务的"防火墙"。在过往谈判进程中，中国一直强调的也是"各自的国情和能力"，然而国情和能力一直在变化，由此原则和规范的适用与哥本哈根谈判时相比有了更多的灵活性。此外，看中国是否坚守"共同但又区别的责任"的原初理解，还可从其在发展中国家阵营中所承担的角色进行判断，即是否还在坚持"77＋中国"的整体性，承担南方阵营主要协调者的角色。哥本哈根谈判期间，发展中国家阵营已出现了"小岛联盟""基础四国"等不同的谈判群体，碎片化出现，整合难度加大，但中国仍积极维护发展中国家团结，并通过"基础四国"对发达国家作出要求。巴黎谈判期间，中国对不同谈判团体的诉求有了更深刻的认识，正视发展中国家内部差异性和多样性，主动提供各类气候援助，通过与各谈判集团广泛交流接触，为重大分歧点找到交汇区，进而发现解决问题的办法。由此可以看出，中国仍在坚守"共同但有区别的责任"，但确实有了更多的灵活性。

再次，在规则执行层面，即在减缓、适应、资金、技术、透明性等技术性议题上，中国在《巴黎协定》中的承诺与《哥本哈根协议》相比也有明确变化，这些明确变化支持了原则和规则方面的灵活性，具体表现是：第一，行动责任得到强化，主要体现在减缓和资金两方面。通过中美、中法两个联合声明，中国明确，到2030年达到排放顶峰并尽可能达到最顶峰，二氧化碳强度比2005年下降60％—65％；资金方面，宣布投入200亿元人民币建立"中国气候变化南南合作基金"。第二，这种责任强化的程度日益接近发达国家的期待，尤其在五年盘点所要求的透明度方面完全趋于一致，《巴黎协定》明确规定"所有国家都要对减排和资金情况进行汇报"，遵循由第三方技术专家评审的"可衡量、可报告和可核实"（MRV）标准。世界资源研究所（WRI）曾列出五项指数，以判

表 7.1　意愿、规范和执行:中国在哥本哈根谈判和巴黎谈判的角色比较

<table>
<tr><td></td><td colspan="2">哥本哈根气候谈判</td><td colspan="2">巴黎气候谈判</td></tr>
<tr><td colspan="5">合作意愿</td></tr>
<tr><td>政策取向</td><td colspan="2">坚持公约框架</td><td colspan="2">坚持公约框架</td></tr>
<tr><td>其他气候合作</td><td colspan="2">积极参与各类气候合作</td><td colspan="2">积极参与各类气候合作</td></tr>
<tr><td>治理模式</td><td colspan="2">自上而下+法律强制力</td><td colspan="2">预期国家自主贡献+全球盘点</td></tr>
<tr><td colspan="5">原则规范</td></tr>
<tr><td>共同但有区别的责任</td><td colspan="2">坚持原初理解且维护发展中国家团结</td><td colspan="2">有了适度的灵活性正视发展中国家的多样化诉求</td></tr>
<tr><td colspan="5">规则执行</td></tr>
<tr><td></td><td>多边诉求</td><td>中　国</td><td>多边诉求</td><td>中　国</td></tr>
<tr><td>减缓</td><td>发达国家 2020 年在 1990 年的水平上减排 40%</td><td>2020 年碳强度比 2005 年有显著下降</td><td>发达国家承诺并实施具有雄心、涉及整个经济体系、绝对量化的温室气体减排目标</td><td>2030 年比 2005 年下降 60%—65%,尽早达到峰值</td></tr>
<tr><td>适应</td><td>建立适应机构和"适应基金"</td><td>大力增加森林碳汇</td><td>适应是全球长期应对气候变化的关键组成部分</td><td>10 个低碳示范区、100 个项目和 1 000 个培训名额</td></tr>
<tr><td>技术</td><td>附属机构和多边技术获取基金</td><td>公约框架下的技术转让</td><td>技术研发、评估</td><td>自主援助</td></tr>
<tr><td>资金</td><td>新、额外、充足和可预期,私营资金补充</td><td>向发展中国家提供力所能及的援助</td><td>2020 年 1 000 亿美元;2025 年的新资金目标和"切实的路线图"</td><td>投资 200 亿元建立"中国气候变化南南合作基金"</td></tr>
<tr><td>透明性建设</td><td>可测量、可报告和可核实</td><td>信息通报</td><td>强化透明度体系,支持发展中国家透明度体系建设</td><td>强化的透明度体系,每五年全面盘点</td></tr>
</table>

资料来源:作者自制。

断哥本哈根气候谈判是否"成功",即减排目标、时间表和行动计划,全球集体减排行动所需的技术安排,世界各国共同遵守的测算汇报标准,可测量、可报告、可核实的国家承诺执行机制,以及最终具有法律约束力协议。[10] 按照这个指数来看,《巴黎协定》取得了显著成功。在这过程中,中国发挥了令人称道的作用,尽管在合作意愿、原则规范、规则执行三个层面，中国并没有偏离发展中国家的总体定位，但根据自身能力建设予以适度调整，有了更多的灵活性。正是这种灵活性使中国能够与美国共同进行全球气候治理的“国际政治引领”，自身承诺和发达国家的期待日趋接近，合作也由此成为中美新兴大国关系的支柱。

第二节　国际政治引领的动力

从哥本哈根到巴黎，中国参与全球气候治理的角色从南方阵营主要的协调者向与美国共同担当国际政治引领者转变，这显然需要相应的解释。通常意义上，角色转变是“需要”和“可以”融合的结果，“需要”是转变的驱动力，“可以”是转变所带来成本的可接受度。实际上，国内外学者早就对主要大国应对气候变化的角色进行了分析，譬如德特勒夫·斯普林兹和塔帕尼·瓦托伦塔(Tapani Vaahtoranta)等根据生态脆弱性—减缓成本解释框架[11]提炼出推动者、拖后腿者、旁观者、中间者这四类角色，张海滨在这二者的基础上加入公平原则[12]，于宏源则从发展容量—环境创新角度进行解释[13]。这些框架恰当地解释了中国气候谈判的根本立场以及为何没有摒弃公约框架，捍卫“共同但有区别的责任”这一规范，却难以解释巴黎谈判前后发生的“共同但有区别的责任”这一原则“灵活性”的转变，由此必须寻找其他更为可行的解释框架。这里，笔者提出边际解释框架，所谓边际，主要是边际碳排放和边际能力；当然，这种解释框架仍属于理性主义范畴。

边际碳排放是在2℃升值限制全球排放总量确定的情况下，某国年度碳排放增量上升对灾害性后果的边际贡献率，随着碳排放增量上升，边际责任相应增加。显然，哥本哈根谈判以来的若干年是中国的碳排放边际增长率最为迅速的时期。IPCC第五次评估报告更准确地说明了人类活动和气候变化的因果关系，并指出气候变化造成的“新生风险”(emergent risk)和复合风险。[14]民众对气候灾害和风险的认知和感觉也越来越直接，由此越来越容易演化为具体行动和对各种危害后果的规避，在这种背景下，具体国家边际增长越快，公众压力也就越大。2009—2015年恰恰是中国边际碳排放以及在全球排放总体格局中的地位迅速变动的时期。根据全球碳计划(Global Carbon Project)的最新数据，2006—2015 年全球碳排放年均增长率 2.4%，中国却达到 6.7%，略低于国内生产总值的增速，也就是说，中国碳强度确实下降了，但总量依然上升。全球碳计划数据也显示，2008 年中国碳排放总量为 7 030 Mt CO_2，居于世界第一，人均碳排放 5.3 吨，列第 55 位，但已经高于全球人均水平。到 2014 年，中国的碳排放达到 9 680 Mt CO_2，总量仍然世界第一，却净增加了 2 650 Mt CO_2。2014 年全球碳排放格局，中国占了 27%，美国占 15%，欧盟占 9%，印度达到 7%，中国占比已差不多等于美国、欧盟和印度的总和，即使从人均碳排放角度来看也已达到 7.1 吨，列世界第 40 位。2014 年全球人均二氧化碳排放 4.9 吨，中国高出平均水平 45%，也高于欧盟(6.6 吨)、印度(2 吨)，这意味着即使人均意义上中国也已超过世界平均水平，甚至显著超过欧盟水平。[15]碳排放的快速增长使中国不得不采取更为积极的政治意愿和政策态度。

边际能力指因为应对气候变化所带来的额外成本的承受度，这种额外成本包括减排、适应、气候援助等各类行动的成本。显然，承受度越高，承担领导角色的可行性也就越大，而这种承受度主要取决于治理资源总量和边际减排成本两个变量，治理资源总量主要取决于国民财富，由此承受度主要受制于财富变动和边际减排成本。首先是中国在世界财富格局中位置的变动。根据世界银行数据，2008 年中国国内生产总值占全球比重仅为 7.4%，相当于美国的 31.63%，人均国内生产总值约为 3 313 美元，2014 年中国国内生产总值占全球的比重已上升至 13.43%，相当于美国的 59.5%，人均 7 485 美元，而根据中国国家统计局数据，2015 年中国国内生产总值占世界比重已达到 15.5%，相当于美国的 63.4%。也就是说，2008—2014 年中国平均经济增长率达到 8.8%，即使 2013—2015 年，国内生产总值年均增长率也为 7.3%，仍远高于世界同期 2.4%的平均水平。[16]经济增长使中国用于气候变化治理的资金总量持续攀升，可再生能源投资总额持续上升。联合国环境规划署《2011 年全球可再生能源投资趋势》报告指出，2010 年中国的新增金融投资为 489 亿美元，其中大部分资金用于大型风力发电厂[17]；联合国环境规划署《2016 年全球可再生能源投资趋势》报告指出，中国 2015 年可再生能源投资额为 1 029 亿美元，同比增长 17%，在世界总投资额中占 36%[18]，这说明中国用于应对气候变化的资源急剧上升。除了资源总量,边际减排成本对减排承诺也有直接影响,边际减排成本[19]是指额外减少一单位二氧化碳排放量所引起的经济总量(国内生产总值)的减少,边际成本越低,往往意味着采取行动的意愿越高。2007年,麦肯锡咨询公司发现,中国以每吨不足40欧元的减排成本就可实现总体潜力的一半,理由就是人口众多、压缩新增温室气体排放相对于减少现有排放量的成本更低,以及热带国家有更大潜力以低成本规避林业排放,而中国在以上三方面都有相应优势。[20]国内学者经过测算也发现,无论初始碳排放权如何分配,不同减排目标和路径选择使减排成本占国内生产总值比重有着很大差距,横向比较可以发现,中国减排成本占国内生产总值比重始终低于美国和西欧发达地区,而印度和非洲可从碳减排中获取资金来推动经济社会发展。[21]就中美而言,中国的边际减排成本要显著低于美国。既然中国有着更多资金可用于应对气候变化,边际减排成本也显著小于其他国家,在规避碳排放过快增长方面就自然有较高承受度,这也就转化为中国通过明确承诺实现国际政治引领的动力。

边际解释框架恰如其分地说明,中国参与全球气候治理从对发展中国家权利的坚守和南方阵营的协调者向全体层面的国际政治引领的转变,然而这种转变的幅度仍受到技术能力和发展中国家身份的限制,这就是说中国参与国际气候机制的合作意愿、原则规范、规则执行必须在可持续发展框架内进行,不可能因参与全球治理而延缓自身的现代化和城市化。[22]这也说明国际政治引领和应对气候变化的技术能力仍有着明显的相关关系。那么,中国在技术层面是否可以担当国际引领的角色呢?

第三节　有限的国际技术领导

气候治理模式"自上而下+规制"向"自下而上+核查"的转变使得气候治理正逐步从政治层面的"承诺"向技术层面的"落实"聚焦,恰恰在技术实施领域,中国和发达国家的标准一致能力却有明显落差。这种落差不仅表现自身的标准制定、实践路线图和具体低碳技术上,还表现在如何有效地帮助其他发展中国家实现气候治理目标上。也正是这种技术能力的落差，使得中美在共同推进气候治理的国际政治引领进程中彰显出了结构性的不平等。第七轮中美战略与经济对话成果清单、2016 年中美气候变化工作组年度报告都显示，在战略目标方面，中美可以平等对话，在具体实施层面中国却要向美国学习，接受其技术、制度、法律甚至管理经验。此外，中国如何落实目标很容易被监测、管控，而美国如何、多大程度帮助中国却无法核实。在多边谈判进程中，中国与发达国家技术能力的落差最突出地体现在巴黎协议的两大核心议题资金机制和透明性建设上。

第一，中国对气候资金机制的追踪、管理和使用能力不满足国际低碳资金机制发展的需要。资金机制是《巴黎协定》的核心工具，资金数量、获取渠道和使用效率都直接关系到气候治理的效果。2015 年气候政策中心(CPI)报告指出，气候资金过去五年内持续快速增长[23]，经济发展与合作组织(OECD)报告则显示，2014 年发达国家流向发展中国家的资金有 618 亿美元[24]。印度却认为经济合作与发展组织的数据中能够核实的数据只有 22 亿美元[25]，这种分歧凸显了“共同资金追踪方法和信息透明”的重要性。然而，对于如何正确构建、管理和运营资金机制，细化资金捐赠的路线图，南北仍有着重大分歧(见表 7.2)。发达国家强调资金来源多元化、国家内部资源的动员和资金使用效率，而发展中国家主张资金来源的可核查性、可追溯性。此外，不同类型资金的比例变化和私人资金的急剧增长改变了《框架公约》在责任、治理规则方面的清晰性。发展中国家不能仅仅就公共资金对发达国家提出要求，自身也需要重大调整以吸引资金流入，包括调整商业环境、经济框架、法律权利、财经政策、测量标准，等等。发达国家从资金全周期和使用效率看待资金机制有其合理性，却难掩缺陷：(1)总量不足，难以满足气候治理的总体目标和发展中国家的需求；(2)减缓和适应严重不对称，过度注重减缓而忽视适应，减缓集中于可再生能源和能源效率而忽视大量公共投资、制度创新和软能力建设[26]；(3)提升了发达国家对资金机制的主导性和道德可接受性，损害了发展中国家的参与能力。为了规避这些缺陷，新成立的绿色气候基金试图突破既有渠道，在管理和运营方面设定若干目标，譬如减缓和适应的平衡、聚焦最脆弱国家、对市场利用的扩大，等等。这些目标有着显著的积极意义，然而在绿色气候基金治理的结构和具体运营[27]方案的竞争中,发达国家方案仍获得压倒性胜利。这种趋势无疑对发展中国家的市场透明度、资本运作和金融创新能力提出了挑战,更为200亿元人民币的南南合作基金的具体项目实施带来了新的命题。因此在气候资金领域,中国短期内仍无法取得国际引领地位。

表7.2 气候资金机制的竞争性分歧

气候资金机制要素	美国(发达国家)	中国(发展中国家)
资助对象	最脆弱国家	所有发展中国家
资金来源	私人为主、多元来源	以公共资金为主
是否额外	官方发展援助之内	官方发展援助之外,超过预期
侧重方式	双边也属于承诺资金	更关注多边
透明性侧重点	减缓和适应的实际行动	资金来源和流动
资金报告格式		共同的会计报告形式
资金流动	贷款+政府开放援助	赠款+优惠贷款
资金使用原则	最大效率使用	污染者付费
绿色气候基金管理主导方	世界银行	缔约方大会
资金申请技术标准	碎片化、冗长	统一、简单

资料来源:根据Luis Gomez-Echeverri,"The Changing Geopolitics of Climate Change Finance", *Climate Policy*, Vol.13, 2013, pp.632—648制作。

第二,中国的数据统计能力建设某种程度上难以满足低碳发展的透明性要求。《巴黎协定》明确规定:"所有国家都要对减排和资金情况进行汇报",且由第三方技术专家评审,实现"可衡量、可报告和可核实",要做到这一点便要求具有可信度的碳排放和风险统计。碳排放统计是每五年一次的全球行动总体进程盘点和碳排放交易等政策工具能否成功推行的基础,也是国家自主减排承诺能否实现的核心指标;气候风险统计是衡量国家、区域生态脆弱性高低的核心指标,关系到气候风险预警预防、粮食生产、生态系统维护等多方面适应能力建设。在更深层次上,碳排放和气候风险统计关系到具体低碳项目融资的数量和质量、应用碳税碳排放权交易、制定恰当政策措施的最有力工具。因此,标准化、有质量保证的碳排放、气象、灾害等数据收集系统已成为国家应对气候变化能力建设的核心内容。虽然中国正在系统构建温室气体监测和统计体系，也参加了公约附属机构的方法学谈判，更积累了大量的气候灾害数据，但数据质量和发达国家仍有明显落差，这种落差既表现在历史积累数据、完整度、更新频率和精度上，也表现在对世界其他地区的相关数据掌握不足上，更表现在这种数据的可信度上，当前自身的碳排放和气候风险统计尚难以做到承载引导舆论、指导政策制定和改变资金流向的功能，也不足以为国际谈判和履约，以及制定国内减排目标和战略等不同方面的需求提供坚实基础。[28]碳排放和气候风险的统计不足既表现在缺乏适宜的数据收集体系、多边国际机构认可的方法学开发能力和高质量的数据存储上，还表现在缺乏国际高可信度的温室气体统计机构上。事实上，目前高国际可信度的温室气体统计开发机构主要为美英所有，如美国能源信息管理局(EIA)、世界资源研究所(WRI)、美国橡树岭国家实验室 CO_2 信息分析中心(CDIAC)、国际能源署(IEA)[29]、全球碳计划(GCP)、英国梅普尔克罗夫特公司(Maplecroft)，等等。既然温室气体和气候风险统计体系还不健全，那么谈判、舆论引导和具体项目开发就不得不继续依赖国际机构，透明性、资源的流动和配置无疑也将继续受到影响。

从资金机制、数据统计能力两大技术性议题不难发现，尽管持续的经济增长使中国在世界财富格局中的位置有所变化，公共资金供给格局方面有所突破，在低碳转型和气候援助方面也积累了许多经验[30]，但至关紧要的技术能力建设与需求相比仍明显不足，与发达国家短期内有着难以弥合的差距[31]，由此中国在国际引领的角色上受到明显抑制，全球多边气候治理的“国际引领”只能局限于政治层面，技术层面尚无法实现。这也进一步说明，在当前的国际政治秩序中，尽管中国有所突破，但国际秩序最基础的层面仍由以美国为核心的发达国家主导，欧美在融资能力、数据信息等技术环节依然具有实质性优势。这也从侧面说明，中国的国际政治引领除了要依托中美关系这一最重要的双边关系共同实施外，还需要紧紧依靠发展中国家尤其是“基础四国”，通过立场协调、具体工作层面的合作，增大博弈的力量和舆论话语权，进而推进全球气候治理体系改革，坚守“共同但有区别的责任”，要求发达国家兑现技术层面的能力转让和减排资金承诺。

第四节 迈向完整的国际引领

尽管中美尽最大努力推动了《巴黎协定》的达成、签署和实施,并通过联合声明使气候变化升格为中美双边关系的支柱之一,但双方仍各自属于南北两大阵营,由此国际政治引领需要有效的技术引领来推进。每五年自动更新的治理模式使得政策工具和实施机制成为关注焦点,因此技术层面博弈将成为未来国际社会不同阵营、不同谈判群体博弈的主要特点。这种技术博弈有三个特点:所有缔约方一视同仁、难以拒绝,譬如不同国家碳排放数据和气候风险统计都必须建立在"可衡量、可报告和可核实"的透明性基础之上;强调目标管理,任何国家、地区或者项目自主减排幅度、资金供给不在于目标的多少,而在于目标是否实现;强调从底线向更高目标迈进,底线是温室气体减排和对极端脆弱性的规避,高目标是发达国家的绿色经济和发展中国家的低碳发展。在这种背景下,中国要实现对全球气候治理的国际引领将面临更为严峻的挑战,但仍可从合作意愿、原则规范和规制执行三个层面进行。

合作意愿层面,只要应对气候变化只要仍处于公约框架下,中国就不存在"退出"的可能,即使目前治理模式已从自上而下的法律约束向"自下而上+五年盘点"的方式转变。因此,如何深化合作、通过合作深化提升应对气候变化的技术治理能力将是主要任务。

原则规范层面,"共同但有区别的责任"的规范已经弱化,刚性区分的防火墙也已经被"各自的国情和能力"所替代,但短期内中国仍将继续坚持这一原则。只有这一规范才能为发展中国家向发达国家提出资金、技术要求奠定道德基础,也只有这一规范才可实现全球减排行动的一致性和效率最大化。当前趋势经济社会系统日益复杂,气候治理机制日益朝着复合体的方向演化,既有多边、双边和次国家层面的机制,也有着减缓、适应、资金、技术、损失损害等技术议题层面的机制,还有不同行为主体基于自身偏好在公约内外构建出的非正式机制。[32]在这种背景下,坚持和适用"共同但有区别的责任"规范将需要根据不同情景作出判断,总的原则是兼顾人类整体、国家利益和第三方期望,动态调整。但这种动态调整必须在边际框架内,不超出国家能力也不过度落后国际社会总体期望，以渐进累积的方式进行。

规则执行层面，无论是实现减排目标、资金承诺还是实施具体政策，都需要分阶段、分层次、分领域进行。第一，分阶段。我国已承诺在2030年达到排放顶峰并尽早达到排放顶峰，在这个过程中可根据自身碳排放增长状况和经济发展适当调整减排目标和资金承诺。第二，分层次。应对气候变化有多边、双边、次国家等多个层次，这几个层次可相互协调也可矛盾冲突，这就需要统筹协调。譬如气候变化已成为中美关系的支柱之一，然而这一双边关系需以《框架公约》和《巴黎协定》作为基础，同时兼顾其他国家的预期，尤其是“基础四国”和其他中小国家的意愿，因此中国需要继续以折中主义方式协调各方，尽最大可能推动发展中大国率先取得共识；从次国家角度看，C40、市长契约(Compact of Mayors)等大城市减排框架、大企业减排联盟[33]正日益发挥重大的作用，甚至在完善责任分配体系方面作出了诸多开创性贡献[34]，也打开了从国际金融市场和多边机构获取技术和资金援助的机会。由此中国的其他行为主体，尤其是城市和国有企业能否加入这一进程，也往往暗示着中国技术领导能力的增长空间。第三，分领域。应对气候变化的领域众多，如能效、建筑、汽车、清洁能源、航海航运等，尽管这些领域都会先后加入到气候治理进程中来，但不可能整齐划一地进入治理进程。中国应继续坚持尺度不一的立场，有些明确承诺且持续推进，有些仍谨慎和实用主义，有些不置可否，有些则强烈反对，判断依据也在于综合考虑本国利益、国际社会整体进展和以多方期望为准的边际框架。在资金机制和气候统计两大技术领域，中国已执行和发达国家同样的标准，但仍面临解决自身资金短缺问题和高效利用资金帮助发展中国家进行能力建设的双重任务。短期来看，只有进行边际改进，譬如继续扩大发展中国家在各类资金机制中的代表性、积极参与并与发达国家共同开发资金追踪的原则和方法，通过次国家、双边、小多边和多边等方式进行国际合作，通过公私伙伴关系等项目试点扩大资金的杠杆率，等等。

小　结

《巴黎协定》是全球气候多边治理的转折点，其“决定＋协议”形式上的变化、自下而上的谈判模式的改变、议题向技术层面的集中和对结果的关注都说明未来气候谈判的政治色彩将有所淡化。尽管中国在《巴黎协定》达成、签署、实施的进程中做出了令世人瞩目的改变,并在中美关系的双边框架下发挥了国际政治引领的作用,但技术引领作用仍有限。这种有限不是说中国政治意愿不足,而是基于能力限制和发展中国家的事实。尽管《巴黎协定》被认为包含了尽可能将气温上升控制在1.5 ℃以内的目标和各国自动更新的减排机制,然而从核心实施机制尤其资金供给、碳排放和气候风险统计体系看,中国和发达国家有着显著落差,缺乏在全球范围内和美国一道承担"技术引领"的能力。未来的气候治理博弈仍将很激烈,但越来越在集中于技术层面,譬如五年审查机制所要求的透明性体系建设、绿色气候基金治理结构和实施机制,以及低碳发展项目的杠杆效应等,这些恰恰也是目前中国的能力建设着力推进的。综合以上因素来看,在中国技术引领能力未取得实质进展之前,将继续持有一种折中主义的立场,分阶段、分层次、分领域推进气候治理,并在这个过程中主动承担与日益增长的能力和排放格局相符合的责任,实践"人类命运共同体"构想,而在技术层面的能力建设有效构建起来之后,将可能最终转变对"共同但有区别的责任"的坚守,进而承担起全面的国际引领角色。

注释

1. UNEP, "The Emissions Gap Report 2016."

2. 高珮莙:《外媒:中国成解决全球气候问题领导者》,中青在线,2015年11月29日;江枫:《中国正成为全球气候治理的领导者》,载《华夏时报》2015年12月3日;钱克锦:《中国成气候变化"领导者"印度或成"障碍"角色》,一财网,2015年12月4日;李慧明:《全球气候治理制度碎片化时代的国际领导及中国的战略选择》,载《当代亚太》2015年第4期,第128—160页。

3. 张晓华、祁悦:《"预期的国家自主决定的贡献"概念浅析》,http://www.ncsc.org.cn/article/yxcg/yjgd/201404/20140400000846.shtml。

4. 薄燕、高翔:《原则与规则:全球气候变化治理机制的变迁》,载《世界经济与政治》2014年第2期,第48—65页。

5. 谢来辉:《全球环境治理"领导者"的蜕变:加拿大的案例》,载《当代亚太》2012年第1期,第119—139页。

6.《习近平主席致联合国秘书长潘基文的信函》,http://news.xinhuanet.com/politics/2016-11/04/c_1119853254.htm。

7. 李慧明:《〈巴黎协定〉与全球气候治理体系的转型》,载《国际展望》2016年第2

期,第1—20页。

8. 温家宝:《凝聚共识　加强合作——推进应对气候变化历史进程》,在哥本哈根气候变化会议领导人会议上的讲话,2009年12月18日。

9. 习近平:《携手构建合作共赢、公平合理的气候变化治理机制》,在气候变化巴黎大会开幕式上的讲话,2015年11月30日。

10. World Resource Institute, "Five Indicators of Success in Copenhagen," http://www.wri.org/blog/2009/12/five-indicators-success-copenhagen Dec.03, 2009.

11. Detlef Sprinz, Tapani Vaahtoranta, "the Interest Based Explanation of International Environmental Policy," *International Organization*, Vol.48, No.1, Winter 1994, p.81.

12. 张海滨:《中国在国际气候变化谈判中的立场:连续性与变化及其原因探析》,载《世界经济与政治》2006年第10期,第36—43页。

13. 于宏源:《环境变化和权势转移:制度、博弈和应对》,上海人民出版社2011年版。

14. 李莹、高歌、宋连春:《IPCC第五次评估报告对气候变化风险及风险管理的新认识》,载《气候变化研究进展》2014年7月,第260—266页。

15. Global Carbon Project, "Global Carbon Budget," http://www.globalcarbonproject.org/carbonbudget/15/hl-compact.htm.

16. 世界银行,http://data.worldbank.org/country/china。

17. http://www.unep.org/Renewable_Energy_Investment/documents/pdf/press_release_SEFI_v4_June_30_2011.pdf.

18. UNEP, "Global Trends in Renewable Energy Investment 2016," http://fs-unep-centre.org/publications/global-trends-renewable-energy-investment-2016.

19. 周鹏、周迅、周德群:《二氧化碳减排成本研究述评》,载《管理评论》2014年第11期,第20—27页。

20. 麦肯锡咨询公司:《通向低碳经济之路——全球温室气体减排成本曲线》,2007年3月。

21. 潘勋章、滕飞、王革华:《不同碳排放权分配方案下各国减排成本的比较》,载《中国人口、资源与环境》2013年第12期,第16—21页。

22. 潘家华、王谋:《国际气候谈判新格局与中国的定位问题探讨》,载《中国人口、资源与环境》2014年第4期,第1—5页。

23. Center For International Climate and Environmental Research, Climate Policy Initiative, "Background Report on Long-Term Climate Finance."

24. OECD, Climate Policy Initiative, "Climate Finance in 2013—2014 and the USD 100 billion goal," http://climatepolicyinitiative.org/wp-content/uploads/2015/10/OECD-2015-Climate-Finance-Report-with-CPI-LR.pdf.

25. "India Questions OECD Claim on Climate Finance," http://www.thehindu.com/news/national/oecd-report-on-climate-change-fund-flows-flawed-finance-ministry/article7930104.ece#.

26. Climate Policy Initiative, "Global Landscape of Climate Finance 2015," http://climatepolicyinitiative.org/wp-content/uploads/2015/11/Global-Landscape-of-Climate-Finance-2015.pdf.

27. Luis Gomez-Echeverri, "The Changing Geopolitics of Climate Change Finance," *Climate Policy*, Vol.13, No.5, 2013, pp.632—648.

28. 刘蕊、张明顺:《欧盟CO_2排放现状及我国开展碳排放计算统计工作的建议》,载《中国人口、资源与环境》2015年第5期(增刊),第526—529页。

29. 曲建生、曾静静、张志强:《国际主要温室气体排放数据集比较分析研究》,载《地球科学进展》2008 年 1 月,第 47—54 页。

30. 冯存万:《南南合作框架下的中国气候援助》,载《国际展望》2015 年第 1 期,第 34—51 页。

31. 胡锦涛:《全力促进增长　推动平衡发展——胡锦涛在二十国集团领导人第三次金融峰会上的讲话》,2009 年 9 月 25 日。

32. Robert Keohane, David Victor, "The Regime Complex for Climate Change," *Perspective on Politics*, Vol.9, Issue 1, 2010, pp.7—23.

33. "114 Companies Commit to Set Science-Based Emissions Targets," http://www.wri.org/blog/2015/12/114-companies-commit-set-science-based-emissions-targets.

34. http://www.compactofmayors.org/cities/.

第四部分

环境安全的美国路径

通过对中国参与国际气候制度的系统论述，不难发现，中国参与国际气候制度实际上是在坚持发展中国家权利的基础上，尽最大的努力承担国际义务，做一个负责任的新兴大国，由此秉持合作开放的精神维护全球环境安全。然而发达国家的舆论却认为，新兴经济体尤其发展中大国一方面凭借资金和技术日益成为全球环境安全的竞争者，另一方面却并没有承担相应的责任，回应国际社会的期望。美国认为，发展中国家群体应划分出主要经济体/排放体；欧盟认为，经济发达的发展中国家应采取平等而有效的政策；日本指出，任何国家都应根据经济发展阶段和水平，采取"共同但有区别的责任"的减缓行动；还有国家认为，减排责任应与国内生产总值挂钩，这样发展中国家将更有减排动力。这一切似乎都说明，"区别"一面不断下降，"共同"一面则在不断上升，"共同但有区别的责任"规范正在缓慢消解。此外，尽管国际—国家层次的环境运动和呼声此起彼伏，却并没有像20世纪八九十年代那样自动转化为全新的法律协议，反而出现大量地区性环境协议，这说明发达国家对在"共同但有区别的责任"规范的基础上构建国际制度的兴趣在下降。这一趋势的背后，美国显然是最大的推动力。这一部分将主要着眼于美国这一最大发达国家的环境外交，以及从人类环境会议到当前特朗普政府的环境政策，分析美国环境外交的演化过程和主要动因，以及特朗普政府的政策将对环境安全带来怎样的冲击。

第八章
特朗普政府之前的美国环境外交

鉴于环境问题日益增加的重要性，许多国家已把环境保护纳入其外交政策。美国政府面对全球治理的深刻变革，审时度势，及时深化、扩展自己国家利益观念，将环境利益作为国家利益和国家安全的一个重要组成部分。[1]本章将对特朗普政府之前的美国环境外交的历史发展、政策工具和性质进行相对完整的叙述，从而较为深入地揭示出环境外交在这一超级大国的对外政策中的总体定位。

第一节　美国环境外交的历史发展

美国环境外交的真正兴起与国际环境外交的兴起可以说是同步的，一般认为是在国际环保运动兴起的 20 世纪六七十年代。1960 年，美国环境外交随着肯尼迪总统号召美国加强气候预测和控制方面的研究并展开国际合作就开始起步[2]；与 1972 年人类环境会议相对应，这一年同样是美国的环境友好年。美国总统尼克松不仅响应联合国倡议设立国际环境基金并贡献最初 40%的活动经费，还抛开冷战的因素与苏联领导人勃列日涅夫签订关于保护和改善环境的协定，美国与墨西哥还就边境河流水质污染问题进行谈判并达成协议。[3]1980 年之后，随着里根革命和"星球大战计划"的展开，美国为应付与苏联的军备竞赛，开始削减环境方面的经费，环境外交也陷入停滞状态。也就在同一段时间，作为美国环境外交史上典型案例的美国和加拿大之间的酸雨问题的解决一波三折，充分地说明跨国污染和生态灾难不受国界的限制，世界任何地区对有限资源需求量的增加会给其他地区的资源造成压力，从而易于引发外交上的纠纷。[4]1993 年之后，随着克林顿政府的上台和环境问题的日益突出,环境外交成为克林顿执政生涯中双边和多边外交的重要组成部分。从1997年起,美国政府更是在每年的地球日发布有关环境外交的报告,对全球环境状况和国际环境政策做出评估,并确定今后的环境外交工作重点。2001年,随着小布什当选美国总统,特别"9·11"事件后,反恐取代环境保护成为美国外交中非传统安全工作的重点。2002年,出于内政和利益集团的需要,小布什政府不顾欧洲盟友和众多发展中国家的反对,否决了《京都议定书》。英国前外交大臣库克为此指出,世界环保问题的首要障碍是"双手浸透了得克萨斯石油"的小布什政府[5],美国国务院前亚太副助理国务卿薛瑞福也认为,环境保护已经成为"较不具代表性"的美国对外关系议题[6]。2005年,"卡特里娜"飓风造成的美国世纪风灾对美国国内普通居民生活造成的严重影响以及随后引发的全球利害关系,全球环境安全的日趋恶化以及由此引发的美国大规模的环境保护运动推动着美国政府重新提升环境外交的重要性。[7]与此同时,美国主要外交智库也将环境和气候问题作为美国外交和安全的重点研究议题,比较有代表性的包括美国海军分析中心军事咨询委员会的《国家安全与气候变化威胁》、美国战略与国际问题研究中心的《后果降临的年代:全球气候变化对外交政策和国家安全的含义》、美国对外关系委员会推出的研究报告《气候变化与国家安全:一份行动纲领》、美国国家情报委员会气候变化安全报告等,这些报告都为美国环境外交转型提供了智力基础。[8]美国外交智库的主要观点包括:环境安全和气候变化对人类构成的威胁要超过恐怖主义,长期来看其影响超过了金融危机;气候变化、环境安全和能源依赖是相互影响的全球性挑战,环境和气候变化是美国的重要外交议题;美国应该通过双边和多边机制避免环境和气候变化带来的全球混乱和灾难;美国应该把气候变化纳入对外援助战略等。2008年,经过多方博弈,小布什政府在八国峰会上终于同意2050年温室气体减排50%的目标。[9]2009年,随着民主党政府执政,奥巴马明确表示接受全球变暖的科学事实,并在此准备基础上制定一系列低碳和环保政策。奥巴马总统任命的能源和环保团队都秉承和前副总统戈尔相同的低碳经济和环保理念。奥巴马政府还计划在未来十年投入1 500亿美元资助替代能源研究、减少50亿吨二氧化碳的排放、承诺要通过新的立法,使美国温室气体排放量到2050年之前比1990年减少80%，以7 000美元的抵税额度鼓励消费者购买节能型汽车，支持强制性的"总量管制与排放交易"制度。

奥巴马从三个方面改变了小布什政府的环保政策。第一，把气候变化和美国能源独立性联系起来，强调新能源和低碳经济对于美国未来经济竞争力和国际地位的重大影响[10]。第二，改变美国在环保问题上"语言的巨人，行动的矮子"的负面形象，准备切实做出和履行减排承诺。第三，奥巴马政府在环境问题方面重新回归到克林顿政府时期的多边主义轨道上来，同时敦促中国和印度等新兴大国在环境问题上承担更大的义务。

第二节　美国环境外交的动因

美国的环境外交在不同的时期会有不同的表现，一般会归咎于政党政治和利益集团或者执政党领袖不同的执政理念，但是也有很多分析无法解释为什么克林顿政府签署的《京都议定书》会在参议院遭到同样是民主党议员的反对，而小布什政府不同时期在环境外交也有明显变化，这说明美国的环境外交有更多的其他因素在发挥作用。霍普古德(Stephen Hopgood)认为，美国的环境外交应从美国国家声誉、跨国公司的国际利益、环保科技竞争等方面进行衡量。[11]他同时强调，生态环境问题已经被提上了"较为优先"的对外政策议程，美国应当把对国际环境问题的反应作为国家重要的目标和利益[12]。国内学者则认为，美国环境外交应从争夺世界环境事务的主导权、避免环境问题对美国的国内与国际利益构成更大威胁、美国的经济利益和美国国内政治这几方面去考虑。[13]笔者以为，推动美国环境外交的主要因素包括国家利益、全球领导地位、软实力和全球战略工具四个方面。

一、国家利益

虽然国家利益的定义和范围在不同的政府执政时期具有明显区别，但几乎没有人敢否认美国的环境外交具有浓厚的国家利益色彩，美国前国务卿克里斯托弗就认为美国要把推进全球利益的能力同处理地球自然资源紧密联系在一起。[14]

首先,环境恶化会危害美国的政治和安全利益。美国学者在20世纪70年代就提出了环境问题(如雨林消失、资源短缺、人口爆炸等)会造成政治不安全。杰西卡·马修斯(Jessica Matthews)在《重新定义安全》中也认为,环境与国家安全利益存在紧密的因果关系,即自然资源、人口和其他环境变量将可能对经济表现产生巨大影响,继而成为政治稳定的潜在杀手。[15]加拿大学者托马斯·霍默-迪克森则进一步考察了环境恶化与政治冲突的相关性,指出环境恶化有可能进一步加剧南北的不平衡,从而可能对包括美国在内的发达国家的未来发展造成不利影响。[16]1996年美国《国家安全战略报告》则指出,跨国问题如环境破坏、资源匮乏和人口剧增等皆具有近期和长远的国家安全意涵。[17]2002年,美国威尔逊中心出版的《环境变化与安全报告》更直接地将以下变量与美国国家安全利益联系在了一起,包括酸雨、生物多样性、森林采伐、生态资源的匮乏与压力、温室效应、自然灾害、核废料、人口过剩、海面升高、土地退化、臭氧层、可持续发展、跨国污染等。[18]在环境恶化造成地区政治不稳定并对美国安全利益造成显著影响的地区中,中东最为突出,中东的水资源、石油资源和其他因素导致的纷争对恐怖主义推波助澜,从而间接加剧了这一地区对美国的怨恨。在里海,能源安全和环境的恶化对美国的外交构成了困境:能源的开发必然会对环境造成损害,环境的损害又必然会损害双边关系,从而对美国维护原苏联加盟共和国的独立地位以及对伊朗的孤立大为不利[19],这就驱使美国在展开一些传统外交的同时必须相应地开展环境外交。美国政府还意识到,全球变暖对国家和国际安全造成了新的威胁,这不但会放大一些资源枯竭地区的冲突和动荡,还可能增加原本稳定地区的紧张,甚至还会对人类的能源安全都构成沉重挑战,因此把气候危机纳入国家安全的范畴并在全球范围内增加对脆弱地区的援助应成为增进美国利益、维护美国安全的重要途径。

其次,环境问题还涉及美国的经济利益。霍普古德指出,美国的跨国公司正在积极争夺国际环保贸易和技术市场,而美国政府出于保护其商家在全球建立消费群和劳动力市场的需要,也不断努力促进多边环境贸易合作，并在许多相关的环境领域内进行投资。[20]美国政府意识到，无论在世界哪个地区，还是在世界贸易组织的规则中，国际环境保护议题都与贸易问题紧密相关；而跨国公司也很容易想到通过母国政府施加影响实现自己的利益追求，所以美国政府的环境外交常常体现出跨国公司的政策立场。[21]即使在注重环境发展的克林顿政府时期，美国的环境外交对经济利益的重视也体现得尤为明显。美国在其《环境外交报告》中指出，美国有责任对全球变暖采取措施，但是这种措施必须和经济的持续增长和竞争力的不断增强相协调[22]，因此一旦环境利益和经济利益相冲突，美国会毫不犹豫地取经济利益舍环境利益，这一点从美国对《京都议定书》的态度上就可略知一二。[23]

奥巴马的气候新政也脱离不了经济考量，奥巴马入主白宫后就将"绿色经济复兴计划"付诸实施，通过向新能源经济转型来带动整体经济增长，特别是其提出要建立 1 500 亿美元的"清洁能源研发基金"，希望借此创造 500 万个就业机会。根据奥巴马的构想，建立更清洁的能源结构主要通过提高能源使用效率和发展可再生能源，其溢出效应遍及经济、工业、生活各个方面，若运用得当，足以成为未来美国经济发展的新引擎和克服金融危机的良药。美国民主党的重要智库——美国进步中心在 2008 年 9 月份发布的一份报告中指出，政府在能效和可再生能源方面加大投入，是支撑衰弱中的美国经济和创造数百万就业机会的最佳方案之一。这种投资有助于使经济朝着低碳、更少依赖石油的方向转型，并在中长期提供很大的收益。[24] 2008 年底，7 000 亿美元救援方案中以及奥巴马总统更为庞大的经济刺激方案中，都包括了低碳经济、替代能源以及碳储存和碳捕获的免税方案，国会议员也认为，美国经济也许可以通过能源多样化和提高效率进行转型，进而提供新的就业机会和经济增长点。

二、全球领导地位

作为唯一的超级大国，美国的历史地位和实力决定了它要积极充当全球环境政治"领袖"。美国政府在 20 世纪 90 年代初就表示，"根据联合国号召，美国要解决环境污染等复杂的全球性问题"[25]。美国政府认为美国未来的安全、繁荣和环境状况同整个世界有着不可分割的联系,在解决有关安全、发展和环境的国际问题方面,美国必须带头,否则其他国家将会踌躇不前[26],因此美国有责任制定和贯彻促进可持续发展的全球政策。前国务卿克里斯托弗为此也深刻指出,美国必须引领全球环境保护的潮流。[27]为此,美国采取积极扮演国际领袖角色的措施,如制定和通过环境方面的国际法律法规,向多边环境基金提供资金援助,支持环境科学研究,并和发展中国家展开保护环境与人类健康方面的国际合作。美国在国际环境灾难中的领袖角色,还表现在大多数的救灾行动中都有美国的身影。[28]

当然,美国环境外交的领袖角色也并非表现得总是那么积极,在某些关键议题上也可能常常口惠而实不至。比如对温室气体强制性减排的极端勉强、对发展中国家援助的极端吝啬以及对资金和技术共享的屡次推托等,这说明美国参与全球可持续发展所取得的成就是相当有限的,反映了美国国内缺乏承担全球环境工作的政治意愿。美国因为强大的经济优势在许多谈判领域扮演了统治角色,但是在环境领域,美国并不扮演重要的国际"领头羊"的角色。但是,这一切绝不表明美国愿意失去环境事务这一具有重要战略意义领域的领导权。[29]面对仅占全球排放量15%的欧盟成为气候变化集体行动的实际领导者,美国积极寻求其他途径以图抗衡,这样联合国机制之外的大国协商便成为其最好的方式。美国不但成立包括日本、加拿大、澳大利亚等国的"伞形集团",还于2005年倡导成立了亚太六国"清洁发展与气候变化合作伙伴关系"(AP6)。除此之外,美国还发起了"氢能经济国际伙伴计划""碳收集领导人论坛""甲烷市场化伙伴计划""第四代核能国际论坛""再生能源与能源效益伙伴计划"等气候变化经济和政治机制。[30]美国总统奥巴马则指出,"气候变化作为全球迫在眉睫的挑战,美国理应担当领导,作出更多贡献,在任期内将开启这种领导权的新篇章,而任何推动清洁发展的州长都可以在白宫找到伙伴"[31]。

三、软实力

21世纪,世界主要大国的竞争是越来越依靠科技、制度和软实力的竞争。软实力作为一个国家的吸引力、感召力和亲和力，环境外交无疑可以在其中起到重大的作用。很难想象，一个在国际环境问题中处处以邻为壑和"搭便车"的国家能在软实力上有竞争力，因此向日本学习、重视环境外交便成为美国构建软实力的重要一环。

必须承认，以美国为代表的工业化国家的发展是建立在"高污染、高消费、高能耗"基础之上的，这些发达国家出于自身利益的考虑，一方面制造大量污染，另一方面仍然有意无意地通过贸易和投资等手段掠夺发展中国家廉价的生态环境资源、污染原本洁净的生态环境，使得发展中国家在某种程度上沦为原料库、污染密集性产品加工厂和垃圾的倾倒场所，在发展中国家中造成一种"毒物恐怖主义"或"生态种族歧视"的心理负担。[32]针对发展中国家要求发达国家承担责任的呼声，美国开始着手制定相应的外交政策，试图协调发展中国家和发达国家在这方面的关系，小布什政府也不得不表示将承担更多的国际责任，帮助一些国家提高经济技术水平以控制环境污染。[33]防止和邻国的环境关系恶化也是美国环境外交的重要内容。在拉丁美洲和加勒比海地区，美国通过在迈阿密举行的有 34 个国家参加的美洲国家首脑会议来推行可持续发展计划，内容包括遏止滥伐森林和人口迅速增长、保护亚马孙热带雨林中生物的多样性、帮助哥伦比亚打击贩毒和犯罪活动、协助危地马拉发展可持续的农业，等等。自 1985 年起，美国还主动与墨西哥合作，共同解决困扰双方已久的边界污染问题，并于 1987 年正式达成《空气质量协定》。冷战结束之后，美墨双方在治理环境污染方面的合作更加紧密，2004 年两国政府还达成了开放清洁能源的合作意向，并计划五年内投资 5 300 万美元用于开发相关技术。显然，这些措施和行为都极大地改善了美国政府在拉丁美洲国家中的形象，推动美国在该地区其他领域的发展。由此可见，软实力也是奥巴马急剧改变小布什政府气候政策的重要缘由，为了重塑美国的气候形象，奥巴马不但强烈批评小布什政府退出《京都议定书》的单边主义做法，在竞选时还承诺不断加大减排目标和缩短减排时间表，上任后任命了环保主义者为环境和能源政策班底，向全世界昭示自己要回归联合国主导的京都机制下的气候谈判，以期在哥本哈根会议上达成协议，促使全球气候合作走入一个新的阶段。约瑟夫・奈也指出，如果美国在气候合作上没有良好的表现,不能为美国带来较好的声誉,那么奥巴马的个人魅力将不足以克服当下时艰。[34]

四、全球战略工具

美国作为世界上唯一的超级大国,其最大的战略利益就是保持美国在全球的绝对优势和维持美国的全球霸权,这个精神也不可避免渗透到美国的环境外交中。前国务卿克里斯托弗毫不讳言:"解决自然资源和环境灾害问题对取得政治和经济稳定、争取美国全球政策目标的实现关系重大。"[35]美国政府环境外交的思路就像其地缘战略一样,深受马汉、麦金德和斯皮克曼地缘政治学说的影响,小布什政府相信掌控了地理上的心脏地带、边缘地带、海洋通道就能成为国际秩序的主导者,因此美国的地区性环境外交基本上围绕着中东、东南亚、南亚等地缘要地展开。在美国突出强调解决的全球 12 个国家的地区环境安全问题中,哥斯达黎加、乌兹别克斯坦、埃塞俄比亚、尼泊尔、约旦和泰国等地方成为重点。由于自然资源的匮乏、自然环境的恶化和自然灾害,这些具有重大战略意义的地区常常局势动荡和冲突不断,这就给美国的环境外交制造了机会。在中东,美国通过水资源危机管理来协调中东各国的资源分配,以便减少冲突并维护美国的中东战略和利益;在东南亚和南亚,美国借印度洋海啸和南亚地震之机增加军事部署。显然,这些举动已经影响了地缘政治的权力分布,英国《简氏外事报道》曾深刻指出:"美国通过印度洋海啸救灾,悄悄地推进其国家安全战略,增加它在印度洋地区的军事基地的数目。它的目的在于控制国际舞台,而且更重要的是牵制它的潜在竞争对手中国。"[36]奥巴马政府时期,美国还将气候环境外交纳入中美战略与经济对话,作为其中的重要组成。譬如第七轮中美战略与经济对话,双方均显著提及地方合作和城市交往的重要性。这种地方和城市交往已不再局限于文化交流和人员来往,而日益转向经济、能源、环保、气候、港口等更广泛的议题,构建绿色合作伙伴计划、生态城市合作等。这表明着城市交往和具体议题合作趋于融合。为应对气候变化、推动两国共同关切的环境治理问题,第七次战略与经济对话明确提出要展开"二轨制"的"气候智慧型/低碳城市”倡议:第一轨为峰会论坛,开展技术交流、分享经验和最佳实践会议,属于务虚的;第二轨为城镇化智能基础设施,属于务实的。

第三节　美国环境外交的政策工具

环境生态作为全球的公共物品,作为超级大国,“搭便车”是不可能的,这是否意味着美国就要自己单独承受世界上环境治理的主要成本呢?这也是不现实的,美国环境外交还有其他的目的。美国认为,要规范全球和地区的环境国际关系,就必须综合运用各种手段,这些手段中主要的就是预防性环境外交、环境和贸易与援助挂钩、利用多边机制,等等。

一、预防性环境外交

环境威胁虽多半是人为造成的,但往往与自然相联系,因此很难准确预测。再加上人们对科学和自然生态环境认识的局限性,导致对环境问题的决策经常出现失误,因此为避免危机和减少环境灾难,“预防性原则”应运而生,并成为1992年里约联合国环境和发展大会所确认的重要原则之一。[37]“近年来,欧洲和美国的环境政策对启用‘预防原则’进行了强化,在全球气候变化、生物多样性等问题中,美国的预防机制已经成为环境外交的主要手段。”[38]2004年12月,美国宣布将协助各国设立海啸预警系统,以减少将来海啸可能造成的损失。美国的预防性环境外交还突出地体现为在一些重点地区设立关于环境事务的政策网络中心和在已有的双边、多边外交关系中增加环境议题。前者突出表现在1992年美国国务院增设一名负责全球环境事务的副国务卿和一名负责海洋、国际环境和科学事务的助理国务卿,以及1997年环境外交报告要求国务院在中美洲和加勒比海、中亚、南亚以及中东等地区的大使馆设立一些关于环境事务的官员和政策中心,这些官员和政策中心的主要任务就是关注森林的减少、生物多样性、水资源、替代能源、清洁空气,以及环境灾难甚至沙漠化等环境议题。后者主要体现在将环境问题包容到已有的双边或者多边关系中,美国不但要和巴西、印度、俄罗斯、乌克兰、南非,以及埃及等国合作,更要在全球、地区和多边层次上与盟友协调,共同倡议环境保护和环境发展。[39]此外,美国国务院自1997年起,每年发布环境外交报告,对一些地区的环境状况做出评估,以促使这些地区不断改善环境。

二、环境和贸易与援助挂钩

虽然世界上的环境污染绝大多数是由发达国家造成的,但解决这些污染需要所有国家的共同努力。美国在推行自己的环境外交时却认为,发展中国家也应承担义务,甚至还以此作为自己承担责任的先决条件。当发展中国家由于能力不足或者其他原因做不到这一点时,美国惯用的做法就是把环境和贸易与援助挂钩。2002年8月,小布什总统签署了新的贸易法案《2002年贸易法案》。该法案明确要求美国的自由贸易谈判应确保贸易和环境政策相互支持,所有自由贸易协议都必须包含与环境有关的内容,贸易伙伴必须强化环境立法并确保高水平的环境保护。美国的环境政策官员认为将环保与贸易挂钩是一个成功的做法,因为这使得美国可以成功适用贸易争端解决机制来解决环境问题,使得发展中国家承担起应有的环境义务或者执行发达国家对等的环境标准[40],这里显然有着通过贸易协定迫使发展中国家承认义务的对等性含义。与此同时,利用贸易法规中的环境条款对发展中国家设置绿色壁垒,限制发展中国家进入其市场是美国将环境与贸易挂钩的另一面。在全球气候变暖的谈判中,针对中国、印度等发展中大国没有具体限额的问题,美国参议院不但早在1997年就明确拒绝了《京都议定书》的签署,还在2008年6月差点通过一个限制温室气体的方案。该法案包括了向中国等一些国家的进口征收高额碳关税[41],这充分说明了美国将环境保护因素融入对外贸易中,经常以环境保护为借口,实施贸易制裁[42]。此外,美国为减少或消除危害可持续发展的不恰当的政府管理或政策,促进落实《多边环境条约》(MEAs),还建立了咨询机制,注意恰当处理《多边环境条约》与贸易法规特别是与世界贸易组织(WTO)的关系[43]。

如果说将环境与贸易挂钩是美国比较惯用的手法,将环境与国际援助挂钩也有迹可寻。在1992年里约高峰会议上，美国和其他工业发达国家重申，它们将拿出本国国内生产总值的0.7%的资金作为鼓励海外发展的援助，以表达它们对贯彻21世纪议程的部分支持。克林顿政府还主动向众多不发达国家提供广泛的资金、技术援助，并尝试通过“以债务换自然”等新的援助手段向拉美与加勒比海等地区减免债务，用于当地的环境、保健和儿童发展计划。[44]美国国际开发总署还主动对发展中国家跟踪投资数年，焦点在于能源利用效率的提高、制止森林采伐和鼓励采用合适的环境政策。[45]然而值得指出的是，和其他富有的国家相比，美国在对外发展援助方面远远落后，这方面资金还不到国内生产总值的0.2%[46]，而且还具有明显的国家利益导向[47]，对那些重点地区明显倾斜，如在东南亚、南亚一掷数亿、数十亿美元，而对中非等一些贫穷国家却置若罔闻。

三、利用多边机制

最淋漓尽致地说明美国是制度化霸权以及拥有娴熟的国际经验的，莫过于其对国际多边机制的操纵和利用，这在环境外交中也有所体现。首先是国际经济机制。美国不但充分利用世界贸易组织的相关条款来促进或者缓和贸易和保护环境之间的复杂关系，以贸易和环境挂钩的谈判策略达到削弱竞争对手的目的，还同世界银行一起，将与本国利益有关的环境政策纳入世界银行贷款计划，并通过全球环保机构资助有利于美国的环保项目。[48]其次是多边环境合作机制。在环境外交报告中，国务院明确指出国际环境问题必须通过全球、地区和双边的角度来处理，通过多国合作，美国不仅成功达成了1987年的《蒙特利尔议定书》，还成功地实施了地区环境政策中心地区内的跨国合作。[49]格莱农(Michael J.Glennon)等人指出，美国为了建立和操纵各种环境制度，不但积极地参加每一个环境协议的谈判[50]，还试图将环境问题法律化。虽然目前关于国际环境的公约多数有利于发达国家，但是美国仍然不断将对己有利的法律规则塞入国际法律框架，不断在ISO14000等标准问题以及一些议程的设置、程序等问题上大做文章，妄图干涉发展中国家的主权和内政，并对发展中国家发展空间形成制约。[51]在气候问题上,2001年,小布什政府不顾联合国为核心的多边机制的反对,单边退出《京都议定书》并宣称如果中国等发展中国家不减少温室气体排放,美国就不考虑重新加入。即便如此,美国还是力图通过建立八国集团首脑会议、亚太经合组织以及清洁发展与气候变化合作伙伴关系等来缓和自己与后京都气候谈判伙伴之间的紧张气氛,并参与到气候谈判中来。[52]奥巴马则毫不犹豫地指出,“为了应对全球气候和集体安全,我们必须建立一个真正的全球联盟”,并准备在哥本哈根谈判上发挥领导作用。第三,大国合作机制。小布什执政时期,气候变化在国内政治议程中的地位虽逐步提升,但总体上仍处于相对边缘,而美国也是唯一没有与中俄等大国签署关于气候变化的联合声明的主要发达国家。奥巴马执政后认为,布什政府退出《京都议定书》同时组建亚太清洁发展和气候伙伴计划对国际社会和美国利益收效都不明显,合作要取得实效就必须得到大国的合作,国务卿希拉里·克林顿在参议院的听证会上也表示,在恐怖主义、大规模杀伤性武器扩散、金融危机等议题上需要中国、俄罗斯的合作。[53]当然,美国对国际环境机制的操纵和利用,反过来说明国际环境机制对美国的环境外交也构成一定的约束和限制。正如克拉夫特所言:“美国决策者日益受到国际环境组织和条约的压力,如全球环境基金(Global Environment Facility)、世界银行和联合国可持续发展基金会(the UN Commission on Sustainable Development)。”[54]

注释

1. 1997年10月,美国总统克林顿在对华政策的演说中将环境保护列为对美国至关重要的六个方面的问题之一。《克林顿首次发表对华政策重要演说,中美合作求同存异》,载《文汇报》,1997年10月26日。

2. 何忠义、盛中超:《冷战后美国环境外交政策分析》,载《国际论坛》2003年1月,第66—67页。

3. 丁金光:《国际环境外交》,中国社会科学出版社2007年版,第126页。

4. 杨令侠:《加拿大与美国关于酸雨的外交》,载《南开大学学报》(哲学社会科学版)2002年第3期,第118—124页。

5.《欧盟对华军售禁令和中国对欧环保外交》,载《联合早报》2004年12月8日。

6.《中国如何崛起,峰会最大议题》,载《香港经济日报》2005年9月3日。

7. “Go-Green, Americans Are Taking Conservation into their Own Hands,” *Newsweek*, July 17, 2006.

8. Peter Schwartz and Doug Randall, "An Abrupt Climate Change Scenario and Its Implications for United States National Security," http://www.gbn.com/GBNDocumentDisplayServlet.srv?aid=26231&url=/UploadDocumentDisplayServlet.srv?id=28566; The CNA Corporation, "National Security and the Threat of Climate Change," http://securityandclimate.cna.org/; Kurt M. Campbell, Jay Gulledge et al., "The Age of Consequences: The Foreign Policy and National Security Implications of Global Climate Change," http://www.csis.org/media/csis/pubs/071105_ageofconsequences.pdf.report/National%20Security%20and%20the%20Threat%20of%20Climate%20Change.pdf.

9. "Bush Proposes International Clean Energy Technology Fund," *Platts Commodity News*, September 28, 2007.

10. Anthony Smallwood, "The Global Dimension of the Fight Against Climate Change," *Foreign Policy*, Vol.167, 2008, pp.8—9.

11. Stephen Hopgood, "Looking Beyond the K-Word: Embedded Multilateralism in American Foreign Environmental Policy," in Rosemary Foot, S. Neil Macfarlane, and Michael Mastanduno, eds., *US Hegemony and International Organizations: The United States and Multilateral Institutions*, Oxford: Oxford University Press, 2003, p.154.

12. Ibid., p.155.

13. 张海滨、艾锦姬:《美国:环境外交新动向》,载《世界知识》1997 年第 12 期,第 26—27 页。

14. 曹凤中:《绿色的冲击》,环境科学出版社 1999 年版,第 16 页。

15. Jessica Mathews, "Redefining Security," *Foreign Affairs*, Spring 1989, pp.162—177.

16. Thomas F. Homer-Dixon, "On the Threshold: Environmental Changes as Causes of Acute Conflict," *International Security*, Vol.16, No.2, 1991, pp.76—116.

17. Robert F. Durant, "Whither Environmental Security in the Post-September 11th Era?" *Public Administration Review*, Vol.62, 2002, p.115.

18. Franklyn Griffiths, *Environment in the U.S. Security Debate: the Case of the Missing Arctic Waters*, Spring 2002, http://www.ciaonet.org/wps/ecs04/ecs04.html.

19. Douglas W. Blum, "Geopolitics, Energy, and Ecology: U.S. Foreign Policy and the Caspian Sea," in Paul G. Harris, ed., *the Environment, International Relations, and U.S. Foreign Policy*, Washington. Georgetown University Press, 2001, pp.92—107.

20. Stephen Hopgood, "Looking Beyond the K-Word: Embedded Multilateralism in American Foreign Environmental Policy," in Rosemary Foot, S. Neil Macfarlane, and Michael Mastanduno, eds., *US Hegemony and International Organizations: The United States and Multilateral Institutions*, p.155.

21. 董晓同:《美国跨国公司的环境外交——英特尔的实践》,载薄燕主编:《环境问题与国际关系》,上海人民出版社 2007 年版,第 161—168 页。

22. US department of State, Environmental Diplomacy: The Environment and U.S.. Foreign Policy, http://www.state.gov/www/global/oes/earth.html.

23. 1997 年美国参议院以 95 票比 0 票反对签署《京都议定书》,2002 年美国小布什政府更是直接退出《京都议定书》。

24. Center for American Progress Action Fund, *Change for America: A Progressive Blueprint for the 44th President*, http://www.americanprogressaction.org/issues/2008/changeforamerica/.

25. Warren Christopher, "America's Strategy for a Peaceful and Prosperous Asia-Pacific," in Warren Christopher ed., *In the Stream of History: Shaping Foreign Policy for a New Era*, California: Stanford University Press, 1998, p.295.

26. Paul Harris, "International Equity and Global Environmental Politics: Power and Principles," in *U.S. Foreign Policy*, London: Ashgate, 2001.

27. Warren Christopher, "Diplomacy and the Environment," in Warren Christopher ed., *In the Stream of History: Shaping Foreign Policy for a New Era*, p.417.

28. 赵绪生:《论后冷战时期的国际危机与危机管理》,载《现代国际关系》2003 年第 1 期,第 24—25 页。

29. 房乐宪、张越:《美日欧环境外交政策比较》,载《现代国际关系》2001 年第 4 期,第 21—25 页。

30. 吕学都:《气候变化的国际博弈》,载《商务周刊》2007 年 6 月,第 9—15 页。

31. John, M. Broder, "Abama Obama Affirms Climate Change Goals," *Newyork Times*, November 18, 2008.

32. 2008 年 1 月 9 日,国家环保总局新闻发言人陶德田向媒体通报了 130 家跨国公司在我国境内的违法行为。

33. John Heilprin, "Bush Aims to Cut Aid on Global Warming," *SCMP*, July 8, 2001, p.4.

34. Henri Astier, "Obama: 'Soft Power' and Hard Reality," *BBC News*, 24 November 2008, http://news.bbc.co.uk/2/hi/americas/7743267.stm.

35. 曹凤中:《绿色的冲击》,中国环境科学出版社 1998 年版,第 1 页。

36. 转引自《美利用海啸救灾做军事文章》,载《参考消息》,2005 年 2 月 17 日。

37. 张珞平等:《预警原则在环境规划与管理中的应用》,载《厦门大学学报》(自然科学版)2004 年 8 月(增刊),第 221—224 页。

38. Joel Tickner and Carolyn Raensperger, "The Politics of Precaution in the United States and the European Union," *Global Environmental Change*, Vol. 11, 2001, pp.175—176.

39. US department of State, Environmental Diplomacy: the Environment and U.S.. Foreign Policy, http://www.state.gov/www/global/oes/earth.html.

40. Jaroslaw Anders, "Environmental Protection Vital Part of U.S. Trade Policy," 16 April 2007, http://www.usembassy.org.uk/eande181.html.

41. "Emissions Suspicions," *The Economist*, June 19th 2008.朱棣文在国内听证时也表示要征收碳税。

42. 房乐宪、张越:《美日欧环境外交政策比较》,第 12—17 页。

43. John Audley, "Environment's New Role in U.S. Trade Policy," *Trade, Equity, and Development*, Issue 3, 2003, www.ceip.org/pubs.p2.

44. 楼庆红:《美国环境外交的三个发展阶段》,载《社会科学》1997 年第 10 期,第 28—30 页。

45. Curt Tarnoff, "Summary," *Report for Congress Global Climate Change: The Role of US Foreign Assistance*, p.1, https://www.worldcat.org/title/global-climate-change-the-role-of-us-foreign-assistance/oclc/45994425.

46. Gary C. Bryner, "The United States: 'Sorry—Not Our Problem'," in William M. Lafferty and James Meadowcroft eds., *Implementing Sustainable Development: Strategies and Initiatives in High Consumption Societies*, Oxford University Press, 2000, p.287.

47. 美国1951年《共同安全法》第二款宣称:“维护美国的安全,促进美国对外政策的实现,其采取的途径是:授权对友好国家提供军事、经济和技术援助,以加强自由世界的共同安全以及单独和集体的防务,为了这些国家的安全和独立以及美国民族利益而开发它们的资源。”

48. Uday Desai, ed., *Environmental Politics and Policy in Industrialized Countries*, Cambridge: MIT Press, 2002.

49. 韩庆娜:《克林顿执政时期的美国环境外交研究》,青岛大学2005年硕士学位论文,第17页。

50. Michael J. Glennon and Alison L. Stewart, “The United States: Taking Environmental Treaties Seriously,” in Edith Brown Weiss and Harold K. Jacobson eds., *Engaging Countries: Strengthening Compliance with International Environmental Accords*, Cambridge: MIT Press, 1998, p.175.

51. 李伟:《试论环境外交中的西方霸权》,载《理论月刊》2002年第11期,第29—30页。

52. 在2008年7月日本洞爷湖的八国集团峰会上,美国同意接受2050年减排50%的长期目标,但仍然拒绝签署《京都议定书》和接受量化的中期目标。

53. “Clinton's Confirmation Opening Statement,” http://www.cbsnews.com/stories/2009/01/13/politics/main4718514.shtml.

54. Michael E. Kraft, “Environmental Policy and Politics in the United States: Toward Environmental Sustainability?” in Uday Desai, ed., *Environmental Politics and Policy in Industrialized Countries*, p.44.

第九章

特朗普政府的环保政策调整和中国的应对

美国两大主要政党有截然相反的价值基础、执政基调和选民诉求，所以美国的气候政策也出现了明显的周期性和反复性。特朗普当选总统之后，环保政策甚至与布什政府退出《京都议定书》的举动相比都更加消极和保守，他不仅怀疑气候变化的事实，甚至更进一步认为气候变化是发展中国家杜撰出来的骗局。早在2012年11月6日，特朗普就在其推特上称“气候变化是中国人杜撰出来的概念，为的是让美国制造业丧失竞争力，加速替代美国成为世界经济领袖”[1]，2013年12月又提出“我们应该把注意力放在美丽清新的空气，而非昂贵的、让商业倒闭的气候变暖那个骗局上(hoax)”[2]。因此，特朗普决定退出《巴黎协定》、拒绝履行美国已经提交的国家自主贡献预案(INDC)、大幅削减联邦环保署的人员数目和财政预算。特朗普政府的这种政策调整不仅对全球气候环保治理体系产生了负面影响，这方面国内外学术界已经有了十分详尽的分析[3]，更对美国环境外交的利益互动模式、既有合作成果和预期目标带来诸多挑战。

第一节　特朗普政府的环保政策调整

特朗普政府的气候政策显著不同于奥巴马时期，一些学者归纳将其为“去气候化”“去绿色化”，主要表现在以下几个方面。

第一，显著降低气候变化等环境议题本身在政策议程中的地位。特朗普秉持“美国优先”观念，将政策重心转向经济贸易领域，对气候外交和治理不感兴趣。在他看来，气候战略只是全球战略很少的一部分，尽管退出《巴黎协定》和减少全球治理参与会使美国国际形象和软实力受到严重损失，但并不对全球领导地位造成冲击。2017 年，在特朗普政府的首份美国国家安全战略报告中，朝核问题、伊朗核问题、军队重组等传统安全问题在政策议程中的地位显著上升，而气候变化则被从美国面临的战略威胁名单剔除，这说明特朗普政府试图突破国际机制束缚依靠硬实力维持美国霸权。[4]特朗普自身和执政团队的主要成员对气候变化一直持怀疑态度。在竞选时，特朗普就认为气候变化是一场骗局，任何应对气候的政策措施都将损害美国经济。竞选成功之后，秉承浓重的商业和企业经营管理思维，他又组建了一支 CEO 治国团队，国务卿由埃克森美孚前首席执行官雷克斯·蒂勒森(Rex Tillerson)担任；能源部长由得克萨斯州前州长里克·佩里(Rick Perry)担任；农业部长由佐治亚州前州长桑尼·珀杜(Sonny Perdue)担任；最重要的环境保护署长由俄克拉荷马州(Oklahoma)前总检察长斯科特·普瑞特(Scott Pruitt)担任。这些人不是拥有化石能源从业背景，就是著名的气候变化怀疑论者，都坚决反对国际环境协定以及应对气候变化或生态威胁的独立科学研究。新任环保署长更曾 14 次将奥巴马政府时期的环保署告上法庭，其中就包括质疑《清洁电力计划》的合法性。2018 年末，特朗普政府再次拒绝接受《国家气候变化评估报告》(National Climate Assessment)所提出的重要警告，对气候变化议题置之不理。

第二，退出以《巴黎协定》为核心的多边环境议程。特朗普施政的核心理念是“美国优先”，要求任何事物都必须为“美国第一”让路。特朗普政府为获取美国第一、服务美国优先却是不择手段，通过“极限施压”“极限制裁”“零容忍”“踩红线”“退群”等行为迫使相关主体作出让步，以将自身眼前利益最大化。这种政策手段几乎渗透于所有议题，体现最集中的是在贸易领域。2017 年 1 月 20 日，特朗普政府宣布退出《跨太平洋伙伴关系协定》，并就《北美自由贸易协议》和墨西哥、加拿大展开数轮谈判，达成了对美国有利的经济贸易协议。此后，美国又接连退出伊核协议、联合国人权理事会和万国邮政联盟。这说明特朗普有着显著的孤立主义和单边主义偏好。2017 年 6 月 1 日，特朗普正式宣布美国退出《巴黎协定》，他认为所有关于温室气体减排的理由都是错误的或者误导性的，由此显著削减国际气候变化计划、停止向绿色气候基金注资,更废除了奥巴马政府提供30亿美元用于支持发展中国家清洁能源建设的承诺和帮助各国提高应对气候风险的全球气候变化倡议。[5]这样,美国就成为大国中唯一不加入和执行《巴黎协定》的国家。特朗普政府在国际上强势展示逆全球化的决心和计划,试图用逆向的方案严格拒斥国际气候责任,完全放弃全球气候治理领导权,这也无疑根本颠覆、破坏了中美在气候问题上的合作基础。这固然是美国霸权思维的体现,也暴露出多边主义本身效率的低下以及利益、权力和信息的不对称的残酷现实。

第三,废除奥巴马政府时期的绿色立法。奥巴马政府时期,美国为推动多边环境合作机制,积极进行气候立法,包括颁布绿色型气候立法,包括《清洁能源安全法案》《气候行动计划》《清洁电力计划》等气候立法文件,其中《清洁电力计划》是奥巴马政府气候政策的核心,也是奥巴马最重要的政治遗产之一。然而,2017年3月28日,特朗普就职不久,就签署《能源独立和独立经济增长》的总统行政令,命令美国环保署和内政部对奥巴马政府的气候政治遗产尤其是《清洁电力计划》进行审查,明确指出要"修改或废除"这一法案。目前看来,特朗普政府主要做了以下几方面的工作:(1)撤销奥巴马政府时期的甲烷管制措施。要知道,甲烷产生了美国大约10%的温室排放。(2)降低能源效率标准。奥巴马政府要求汽车生产厂商提升燃油效率,到2025年新车或卡车每加仑汽油可达到50英里,而特朗普政府明确取消了这项政策。(3)重新启用煤炭电力。煤炭是传统能源中最能产生二氧化碳的燃料,对人类健康有着重大负面影响,然而环保署取消了将燃煤发电厂置于更严格管控下的《清洁电力计划》法案的做法。(4)允许海洋钻探。海岸、海洋勘探开发对人类环境带来众多成本,不仅消耗大量能源资源,而且有众多职业风险,新泽西州和佛罗里达州都予以反对,然而内政部的安全和环境条例仍取消了勘探管制,导致目前勘探的数量比布什政府时期都要多,程度也更深。(5)撤销了联邦洪灾风险标准,包括气候科学预测的海平面上升等指标,还取消了克林顿政府时期一项旨在减少有害空气污染的政策。最终,特朗普政府废除了奥巴马政府推出的《清洁电力计划》,认为这项政策"超出了美国环保局的法定权限"。2018年3月16日,美国联邦应急管理署删除气候变化的相关内容。可以说,特朗普政府以废止《清洁电力计划》为核心，在温室气体减排监管方面给各州和企业放宽标准、增大容错范围，以尽可能降低经济发展成本。

第二节　特朗普政府何以能够实现环境政策调整

特朗普政府采取了与奥巴马政府时期截然相反的气候政策，这反映了特朗普执政以来美国基本国策的转向，即尽可能地放弃自身在国际体系中的责任，更关注直接的眼前利益，不愿意考虑国际社会的共同利益和其他成员的合理正当利益。这固然与其对多边主义和气候变化的价值判断直接密切相关，但更有着内在的执政思路和利益集团的驱动，由此仍需要对其政策调整的原因进行综合性的分析。

第一，重视短期经济增长和就业，放松气候环保管制。特朗普政府的气候政策调整和其执政思路密切相关。[6]特朗普的基本理念与核心价值追求是“让美国再次伟大”，而“再次伟大”的标准就是看得见的物质利益和军事等硬实力，这决定了其基本思路就是以振兴经济为核心，通过减税、货币、营商环境等诸多政策重振制造业、更新基础设施。特朗普胜选离不开蓝领工人们的选票，为兑现竞选承诺，他希冀为低技能劳动力尽可能多地创造就业岗位，这一诉求必然驱动其更加重视短期经济增长。因此，他千方百计地降低美国制造的成本，能源成本是制造成本相当重要的部分，由此需要打破节能减排的紧箍咒，尽最大的可能利用美国丰富的页岩油/气和煤炭资源。在阐述退出《巴黎协定》的理由时，他明确指出如果履约减碳承诺，美国的国内生产总值会减少 3 万亿美元，减少 650 万个工作机会，由此美国寻求谈判达成公平对待美国的新气候协议。

第二，能源产业集团的重大作用。特朗普政府回归传统能源政策并非仅仅基于经济振兴和创造就业岗位的需要，还有显而易见的利益集团因素。特朗普竞选得到中西部州的诸多支持，这些州传统能源产业发达，以煤炭、石油、钢铁产业为核心，与新能源行业竞争激烈。特朗普当选之后政策偏向明显，他明确认为风电、太阳能成本过高、回报周期过久、经济上不划算，为此他当选后立马签署《美国优先能源计划》，逐步编织出一张“以《美国优先能源计划》为核心，以总统行政命令和备忘录为支撑,包括能源部、环境保护署的相关法规、政策、规章和指导"的网络。这个网络的基本宗旨就是放松监管、削减新能源补贴、复兴传统石化燃料、鼓励石化燃料的出口。[7]具体政策包括:解除煤矿禁令,解散由白宫经济顾问委员会与管理预算办公室召集的温室气体社会成本机构间工作组(IWG),并召回其发布的相关文件,简化了工程建设项目的环境许可证审批程序;通过补贴建设海外煤炭基地,鼓励煤炭出口;加强传统基础设施建设,计划通过公私合作伙伴关系和税收激励等方式投资1万亿美元,并把重点放在天然气、石油、电力等能源基础设施建设方面,其中最突出的是两个耗资数十亿美元的石油管道项目基石输油管线(keystone XL)[8]和达科他管道,其中基石输油管线项目奥巴马政府曾明确基于环保原因拒绝推行;加大对化石能源和核能的补贴力度,保证核能在美国电力生产中的比重。

第三,政党政治分裂严重,极化明显。美国有着独特的"三权分立"体制,总统很难通过立法实现对环境的管制或者缔结国际多边协议,然而这也赋予了美国总统相对独立的行政权限,即国会和大众也很难对总统的具体政策产生实质影响。气候治理有着显而易见的复杂化效应,涉及能源、环保、科技、贸易等诸多领域,只有总统才能对各部门政策进行总体协调,由此总统权力得以扩张,最终在和国会斗争过程中,总统决策体制逐步确立起来。这种决策体制是把"双刃剑",总统和执政团队既可有效推进气候政策,也可随时从气候治理中撤出。虽然由总统主导的决策体制赋予了特朗普调整政策的巨大权限,但不容忽视的是,其气候政策摇摆的根源在于社会基础。尽管美国国内气候科学共识迅速增加,但无论主流媒体、国会还是地方州在碳排放管制的必要性、经济涵义和政策工具选用方面仍存在两种截然相反的认知。民主党的气候政策符合国际多边治理以及加州、纽约州的高科技、金融业等产业发展的需要,却严重损害以煤炭、钢铁产业为主体的州。西弗吉尼亚等州的煤矿被关闭后,失业率激增,该州大约30%的民主党党员退党并转入共和党。共和党关注经贸,得到中西部能源集的支持,而中西部常常为气候治理所需的经济成本深感忧虑。特朗普当选之后,共和党内22名参议员联名敦促特朗普退出《巴黎协定》。这意味着民主党已取得气候环保领域的话语权,而共和党也基本放弃对环保选民的争取。地方层面也由此出现了分化，加州、纽约州深入参与区域性减排协作机制和城市气候行动网络组织，也有以煤炭、石油、制造业或者农业为主的州坚决反对气候政策，这两类州政府的博弈也是美国推动气候政策调整的动力。

第三节　特朗普政府的环境政策调整对全球环境安全的冲击

特朗普政府的气候政策调整并不会改变美国现有的碳排放趋势，即使没有《清洁电力计划》，给化石燃料的使用松绑，美国的碳排放也不会增加，因为煤炭在美国电力生产中的竞争力正在显著下降，除非获得极大规模补贴，否则难以获取订单。一些学者甚至发现，随着页岩气的开发，美国能源结构中天然气的占比进一步上升，能源部门排放进一步减少。但这并不足以实现美国巴黎协议中的承诺，这种政策调整对全球环境安全冲击严重，主要体现在以下几个方面。

第一，降低环境议题在整个美国外交中的地位。在奥巴马执政时期，环境尤其气候变化是对美国环境外交起到重要的发挥软实力、塑造影响力作用的议题，尤其对中美关系来说，更是构建新型大国关系的抓手。《中美元首气候变化联合声明》指出，中美气候外交及其合作成果是两国合作伙伴关系的长久遗产。特朗普政府不再持有奥巴马政府对国际关系性质的认识，越来越多地放弃这些自身构建的国际制度，单边主义愈演愈烈，同时异常重视外交中的经济成本，以及以军事和经济为核心的硬实力。特朗普政府试图通过退出《巴黎协定》等方式降低国内经济运行成本，效果确实不错，使很多人都得到了工作。这种方式不但与传统盟友的关系也有所疏远、嫌隙增多，同时中美关系的结构性矛盾也日益突出。这导致特朗普认为气候变化是阴谋，不但退出《巴黎协定》、全盘取消气候变化项目，更无意向中国等发展中国家提供气候基金援助和气候技术转让。这样，气候外交不再是外交重点，中美、美欧在气候领域的共同利益被大大缩小，双边合作动力显著降低。这意味着特朗普政府放弃奥巴马政府时期构建的建设性合作的利益互动模式，转而寻求一种以现实主义理念为基础的保守交易型模式，这种模式极为关注本国利益，全力追求本国利益的最大化。

第二，冲击了全球绿色发展进程。奥巴马政府时期，中美确实通过中美战略和经济对话、能源与环境十年合作框架、中美气候变化工作组、中美清洁能源联合研究中心等机制构建了立体化、宽领域的双边合作机制，尽管成效尚待检验，但确实开展了大量工作，其中科技合作尤为突出。譬如中美三个联合声明关注的都是科技合作、能效提升以及清洁能源发展机制构建。有学者甚至认为，中国要实现2030年自主贡献目标，国内生产总值将降低1.3—3.7百分点，就业损失降低3.2—5.3个百分点。也就是说，中国加入《巴黎协定》的经济损失其实很大，然而中国不但加入甚至还和美国共同推进该协定，主因就在于中美技术合作和双边合作机制的构建。这也部分展示了发达国家如何向发展中国家转移资金技术，以及如何共同承担责任。特朗普就任之后彻底扭转了奥巴马政府时期的气候政策，预算和人员被严重削减，其中削减环境保护署的年度预算超过26亿美元，比上年减少31%；取缔先进能源研究计划署（ARPA-E）；取消一系列技术创新项目，如创新技术贷款担保项目和先进技术汽车制造项目等，与世界各国的立体化合作机制遭遇全面冲击，尤其是中美清洁能源联合中心，原有的对话和合作机制或者被废除或者基本停滞。目前中国正在强力推进供给侧改革，气候政策被认为是鼓励制造业升级技术和提升能源效率的关键战略。然而，在中美战略竞争加剧的大背景下，特朗普政府的气候政策调整一方面使以科技合作为中心的气候合作越来越难以得到美国的响应，美国甚至还会故意抵制另一方面，气候合作原本存在的资金缺口还会进一步扩大，这对中国自身的绿色转型和全球绿色发展都显著不利。

第三，冲击多边治理机制。气候治理体系中美欧等大国始终扮演关键角色，而中美在《联合国气候变化框架公约》缔约方会议、全球环境基金和二十国集团等诸多平台上既竞争又合作，并各自代表一定集团进行协商，又在妥协中争吵。奥巴马执政后，两国通过三个联合声明推动《巴黎协定》达成，改变了气候治理结构。《巴黎协定》遵从“共同但有区别的责任”这一核心规范，但发展中大国的责任史无前例地凸显出来。2017年特朗普政府退出《巴黎协定》，声称《巴黎协定》对美国的工人、法律、经济和国家主权产生负面影响，并废除了美国2030年的减排目标，取消了资金技术的投入，这意味着全球气候治理体系的动力严重

表 9.1　奥巴马政府和特朗普政府的中美气候合作比较

	奥巴马政府	特朗普政府
合作能力	都具备技术和制度能力,总体性的治理和合作能力没有大的变化	
合作意愿	中美通过联合声明给出积极承诺,表达了共同推动气候治理的意愿	美国无意履行减排承诺、资金技术援助,无意引领全球气候治理,与中国的合作非常有限,主因也不是气候变化
对分歧的处理	中美两国有效弥合了在"共同但有区别的责任"上的分歧,还对建立"自下而上"的治理模式有显著共识	中美两国在气候变化是否真实存在、《巴黎协定》等问题上存有明显分歧
结果	中美共同推进全球气候治理且在双边层面构建了多个合作平台,务实合作	中美合作领导停滞,双边层面的一些务实平台和项目也将到期后结束或者停滞

资料来源:作者自制。

衰退。美国减少温室气体排放的努力必然将使其他各方承担更多经济成本,由此对其他国家造成巨大的心理冲击和负面激励。据估算美国减排量让欧盟填补到 2030 年欧盟减排量要由 40%提高到 73%,让欧盟承担资金缺口则无能为力。美国此举一方面严重削弱了美国在气候治理中的话语权和形象,另一方面也打击了全球治理体系的完整性和有效性,联合国秘书长古特雷斯更是表示"极其失望"。一些国际公共舆论认为,中国会利用美国撤出《巴黎协定》的机会,通过信贷、技术、补贴等方式填补美国留下的空白,进而增进自身软实力。著名气候经济学家尼古拉斯·斯特恩就认为,"中国应帮助其他国家减排,增强自己在这个问题上的引领能力"和"其绝对核心引领作用"。[9]这意味着美国退出后,中国有可能遭遇国际社会日益增加的压力,要求中国承担与自身发展程度并不相称的责任和义务。在这一背景下,中国将不得不增加与其他国家尤其是欧盟国家的合作,这也会促进气候治理在多个层面的复杂化。

第四节　构建维护全球环境安全的中美合作体制

特朗普政府退出《巴黎协定》确实被国际社会视为令人异常失望的

破坏性举动,然而无论中国还是欧盟都没有从双边关系角度出发,避免公开批评特朗普。中国更没有将特朗普政府的气候政策看成是扩展自身软实力的机会,以此挑战美国的领导权,而是看成是与美国拓展加深双边关系以提升自身经济社会转型的外部因素,由此两国合作有着强烈的内在基础。[10]根据国内学者的研究,中国要实现《巴黎协定》承诺的目标需要63种骨干支撑技术,而42种中国没有掌握[11],其中大多数被美国、欧盟和日本掌握。由此呈现出的基本格局是美国缺乏参与气候治理的政治意愿,却在技术储备—商业模式—基础性能力方面拥有实质性话语权和领导力,而中国拥有切实推进低碳发展的意愿以及政策层面的连贯性、一致性,却在低碳技术、数据透明性、资金机制等方面有所不足,可见双方确实有巨大的合作潜力。中美各有优势,两国的合作被认为是全球环境安全的关键支撑。未来10—15年是全球环境治理能否成功的关键期,作为关键支撑的中美应构建何种合作体制?奥巴马和特朗普两任政府的政策说明,美国对环境安全的态度在积极进取—消极保守两个极端之间摇摆,针对这种周期性和反复性,中国应有相应的心理预期和必要准备,在这种心理预期的基础上确立合作的基本宗旨、合作节奏、政策工具选择,目标是在美国消极保守时不让其毁掉既有的合作成果,在积极进取时尽可能推进合作。从路径上看就是分阶段、分层次、分领域,充分利用机制的复杂化效应,多边协调与双边合作相互感应,政府引领、市场机制、次国家和社会交往多管齐下。

第一,明确中美环境合作的基本宗旨是提升我国的可持续发展能力。即使如此,无论是执行《巴黎协定》,还是与美国合作,仍有两种合作宗旨:承担国际责任提升自己的软实力抑或着眼于自身的可持续发展能力。两种不同的合作宗旨一定程度上是耦合的,但也有实质性差异,可以衍生出不同的政策合作路径。目前中国确实已到了环境问题的集中爆发期,进入制造业转型升级、环保绿色创新的阶段,这必然对通过国际合作引入各种关键技术和管理经验、提升基础性能力提出了新的需求。由此中国参与全球气候治理、推进中美气候深度合作,最根本还在于推动自身经济社会转型。也就是说,《巴黎协定》作为外在约束和压力应有效转化为国内多种行为主体的行动力和创新能力,包括清洁技术转移、环境治理基础能力、先进政策工具,等等。着眼于提升自身的可持续发展能力的气候合作必然以我为主。以我为主，就无需过分着眼于中美双边关系而满足美国提出的诸多不合理要求，尽管能力有差异，但合作地位仍需相对平衡；以我为主也会必然注意到，不同发展阶段有着不同技术和能力诉求，也有着不同的成本—收益，更有着不同的对美国政策的塑造能力，这就要求制定逐渐提升的合作目标。

第二，要根据美国环境政策的周期性特征实行有进有退、总体稳中求进的合作策略。无论是共和党还是民主党，都面临重振美国制造业、推进经济增长、创造就业机会的历史使命，其页岩气开发的成功也使其能源结构朝着以天然气为主的方向发展，煤炭竞争力大幅下降，美国能源独立性提高、碳排放总体下降，中美能源合作由此有了更多的空间和可能性。奥巴马政府时期，美国出于增加就业和环保创新的考虑，通过了《清洁能源安全方案》，持续加大对清洁能源投资，在光伏产业、节能服务、绿色建材等领域拥有世界领先的技术水平，电动汽车等一些关键技术的成本迅速下降、接近商业化，而一些成熟度还没有达到商业运用的程度的技术，譬如第四代核电站、碳捕获和储存技术等也都在积极实验，中美在技术和产业化领域有深度合作。然而，特朗普政府除了化石能源的生产和贸易，在清洁能源以及相关领域的预算大幅削减，中美气候合作的广度和深度都显著倒退。面向2030年可持续发展议程的中美气候合作，中国应基于自身塑造美国政策的能力以及低碳话语权采取交替延续策略，即民主党执政时中国应抓紧机会加大合作力度，接续上一个民主党执政周期的合作体制、项目落实和拓展，尽可能拓展出内在市场动力；而共和党执政时一般会暂停中美已经达成协议，譬如在与奥巴马政府的战略经济对话中达成的清洁能源、智慧城市、水—能源—气候变化关联的新科学研究以及其他工业试点，都因为特朗普的政策调整被极大削弱，由此共和党执政时应对照上个执政周期的大致情况关注美国政策动态、聚焦合作领域、资源投入方向，采取有针对性的政策措施，紧紧抓住对方有意愿、我方也有需求的核心领域、重大项目，谋求合作效果的最大化。当然，不同执政周期的民主党和共和党尽管价值理念和执政基调有一致性，但仍有政策上的差异性，譬如特朗普政府的气候政策比小布什政府期间更为消极保守，因此中国应着眼于自己的发展阶段和能力建设，注意对方具体的政策动态，丰富合作体制和渠道、提升合作效能、谋求与己有利的务实合作。

第三,中美气候环境合作应分阶段进行,并按照不同阶段的具体情况确立合作目标,构建合作体制。作为全球温室气体排放量第一和第二的排放大国,中美气候合作确实对全球气候治理的目标的实现有着特殊意义。然而,中美的气候合作除了满足国际社会期待和全球治理需求外,更受到双边战略关系的影响。当前中美战略竞争态势异常明显,甚至有陷入"修昔底德陷阱"的忧虑,不同领域都受到不同程度的影响[12],气候领域也是如此。奥巴马政府时期,中美气候合作更多是响应美国的诉求,对于美国如何帮助中国并不明确,也难以核查,这一阶段中国对美国的政策塑造能力和谈判能力相对较弱。当前以及未来,中国对美国的谈判能力和相对关系逐渐趋于平衡,气候治理的能力建设有较大幅度提升,在气候合作方面也越来越能提出相对平衡的诉求,塑造政策能力越来越强。因此,中国可以基于自身不同的发展阶段和五年经济社会发展计划,根据对方的执政理念调整预期,制定相应的合作目标,构建合作体制,给双方留有适当空间;也可仿照《巴黎协定》国别评估的方式方法,对中美气候合作进行评估,看看合作项目落实了多少,以及合作机制运行的效果,作为下一阶段改进和工作的重点。当前,美国对气候治理的绝对投入确实大幅下降,但仍有一些重点领域值得关注,特别是以煤炭、页岩气为主的化石燃料的开采和出口。中国已是最大的石油、天然气进口国,能源消费结构中煤炭占70%,尽管近年来大幅提升天然气的比例,然而履约《巴黎协定》的承诺还必须普及清洁能源技术,尤其是煤炭清洁化技术。美国掌握着煤炭清洁化的核心技术,境内许多环保公司也希望在中国扩大环保市场份额,提供更多环保产品,由此中美在能源技术领域如何通过市场和政府的多种机制扩大合作仍有探索空间。

第四,分层次,从多边、双边和次国家层次分别有所推进。《巴黎协定》是国际社会应对气候变化的核心机制,然而没有美国的参与,气候治理始终是不完整,如何在全球层面构建出具有高度韧性且能够适应美国周期性气候政策的治理机制,就需要中国和欧盟以及基础四国等关键主体更加深入的协调。实际上就是新增了一系列应由美国承担的成本,由此在美国联邦层面退出后推动地方、大公司和公民社区的参与是增强气候治理韧性的重要方式。中国不仅需要在多边层面协调推动美国地方对全球治理体系的参与，与美国构建双边合作体制时也需要注重与加州、纽约等先锋州和城市的合作，奥巴马政府时期中美低碳城市试点合作取得良好效果，由此应厚植合作项目以及推动合作机制从联邦层面向地方、市场和社会层面转化，这样就能部分对冲共和党政策调整带来的震荡。值得注意的是，美国不同的州和大企业基于不同的利益群体对气候政策的态度是不同的。特朗普政府宣布退出《巴黎协定》后，美国加州、纽约州、华盛顿州等州和60多个城市市长坚决反对，如加州决定在没有联邦支持的条件下仍继续维持比联邦标准更高的减排政策，运行碳排放交易体系。尽管次国家政策的总体有效性难以断定，但关键州对可再生能源的政策扶持被证明是有效的。美国一系列著名的跨国公司也有意愿参加替代性减排活动，苹果、谷歌、微软等100多个跨国公司已表示不欢迎特朗普政府的这项决定。州、企业、社会团体等非国家行为主体一道构建出数量庞大的意愿联盟，相当程度上可以抵消美国气候政策调整带来的负效用。[13]当然，美国也有相当数量的州、跨国公司支持、拥护特朗普政府的气候政策调整，这意味着美国国内气候政治的极化。这对中国的政策涵义就在于应着眼于知识和技术经验的获取，通过制度性分权和政策性分权鼓励地方政府和城市利用绿色伙伴关系、中美省州论坛等机制来最大程度地实现与美方州、企业的合作。这样，双边气候合作就逐步从仅仅由政府引领这一线性走向多层次、多主体。这样，无论是民主党还是共和党执政，中美都能从气候合作和低碳发展有所获益，美国获得了中国的环保市场和技术收益，中国则获取了环境收益，只有恰当的利益分享和保障机制才能提升中美气候合作的韧性。

第五，充分利用气候环境治理的复杂性和系统性。气候治理有着显著的复杂化特性，并不仅仅限于《巴黎协定》聚焦的减缓、适应、资金、技术四大次级领域，还广泛涉及产业结构、贸易、航海航空、土地利用、可再生能源。这些领域也有自己的多边机制，并多少对气候变化做出了响应，譬如2030年全球可持续发展议程就把气候治理列为核心议题，而美国尚未退出这些领域，中国仍可在这些专业领域与美国进行对话。在一些基础性能力建设领域，包括碳排放统计和数据收集，透明性建设和资金使用效率等，中国可能在多边层面与美国有着不同立场，但仍然可以对此进行进一步讨论。在具体的减排政策领域，特别是排放权交易体系(ETS)、管制工具的选择等方面，美国的经验也非常丰富。既然中国注重可持续发展能力的提升，就应从这些领域入手来追求治理效果。譬如在能源领域，中美既可围绕传统能源进行合作，也可在清洁能源领域进行合作，但这两类能源领域的合作方式、渠道和体制可能显著不同，还譬如在不同制造业领域，中美也有合作空间。无论是技术、项目还是产业链，中美在不同的领域如何通过市场、社会交往等多种方式构建合作机制都存在挖掘的空间。当然，不同问题领域都有自己的治理机制和合作方式，如何将气候目标嵌入既定的治理目标还需要发扬实验主义精神去尝试、勇于创新。

注释

1. Donald Trump, "The concept of global warming was created by and for the Chinese in order to make U.S. manufacturing non-competitive," Tweet, Nov. 6, 2012, https://twitter.com/realDonaldTrump/status/265895292191248385.

2. Donald Trump, "We should be focused on clean and beautiful air—not expensive and business closing Global Warming—a total hoax," Tweet, Dec. 28, 2013, https://twitter.com/realDonaldTrump/status/416909004984844288.

3. 柴麒敏、傅莎、祁悦、樊星、徐华清：《特朗普"去气候化"政策对全球气候治理的影响》，载《中国人口·资源与环境》2017年第8期，第1—8页；张海滨、戴瀚程、赖华夏、王文涛：《美国退出〈巴黎协定〉的原因、影响及中国的对策》，载《气候变化研究进展》2017年第5期，第439—447页；潘家华：《负面冲击正向效应——美国总统特朗普宣布退出〈巴黎协定〉的影响分析》，载《中国科学院院刊》2017年第9期，第1014—1021页；张永香、巢清尘、郑秋红、黄磊：《美国退出〈巴黎协定〉对全球气候治理的影响》，载《气候变化研究进展》2017年第5期，第407—414页；Robert Falkner, "Trump's Withdrawal from Paris Agreement: What Next for International Climate Policy?", http://www.lse.ac.uk/GranthamInstitute/news/trumps-withdrawal-from-the-paris-agreement-what-next-for-international-climate-policy/。

4. The White House, "National Security Strategy on the United States of America," Washington, DC., December, 2017.

5. Johannes Urpelainen, Thijs, Van de Graaf, "United States non-cooperation and the Paris Agreement," *Climate Policy*, Vol.18, No.7, 2018, pp.839—851.

6. Zhang Hai-Bin, Dai Han-Cheng, Lai Hua-Xia, Wang Wen-Tao, "U.S. Withdrawal from the Paris Agreement: Reasons, Impact, and China's Response," *Advance in Climate Change Research*, Vol.8, 2017, pp.220—225.

7. 于宏源：《特朗普政府气候政策的调整及影响》，载《太平洋学报》2018年1月，第25—33页。

8. 基石输油管道(Keystone XL)是由加拿大公司设计并全权负责的全长 2 700 公里、投资额为 70 亿美元的跨国管道建设项目。基石输油管道项目可连接加拿大阿尔伯塔省和美国墨西哥湾,加拿大生产的原油可直接输送到墨西哥湾,显然,该项目的环境影响很大。

9. [英]尼古拉斯·斯特恩:《中国正在规划一个清洁的未来》,"CDF 洞察"(CDF Insight)栏目访谈。

10. Michael D. Swaine, "Chinese Attitudes toward the U.S. Withdrawal from the Paris Climate Accords," China Leadership Monitor, August 28th, 2017.

11. 联合国开发计划署:《中国人类发展报告:迈向低碳经济和社会的可持续未来》,中国对外翻译出版公司出版社 2010 年版。

12. Jia Qingguo, "Closer and More Balanced: China-US Relations in Transition," From, Ron Huisken ed., *Rising China: Power and Reassurance*, ANU Press, 2009, pp.21—31.

13. Harvard Project on Climate Agreements, National Center for Climate Change Strategy and International Cooperation, "Bilateral Cooperation between China and the United States: Facilitating Progress on Climate-Change Policy," February 2016.

结　语

环境变化是当前的核心政策议程。它之所以成为核心政策议程，与这几年环境议题不断地被安全化密切相关，无论是联合国安理会还是二十国集团首脑峰会都对气候变化、可持续发展议程等给予了最高等级的关注。尽管如此，对环境问题安全化的质疑始终存在，而治理生态的系统性、流动性也使得安全化所要求的超常规措施成本过大、绩效未明。这都说明当前环境治理需要不断探索、汲取众人智慧，找到一条能够继续前进的路。随着全球化深入发展、人类生活的复杂化，新兴环境议题也越来越多，譬如自然灾害、海洋垃圾甚至公共卫生问题也和环境问题深度交叉、渗透，这意味着环境问题需要超越简单的安全视角，更多地从可持续发展、治理等思维来审视。

环境治理具有全球治理的一般性特征，也体现全球治理的一般性趋势。由新冠病毒引发的公共卫生危机显示，伴随全球化的深化和信息社会的来临，“黑天鹅满天飞”“灰犀牛满地跑”“屋里大象也不止一头”，全球治理乃至世界秩序正处于向“何处去”的关键时刻。过去数十年，全球治理每次取得的进展正是由发达国家和发展中国家携手创造的。20 世纪 70 年代晚期，第三世界国家为了反对南北非对称贸易而追求国际经济新秩序。进入 90 年代，冷战结束，里约峰会等国际会议相继召开，国际社会形成一批多边条约，一些问题得到逐步控制甚至解决。当前，在“百年未有之大变局”的“新时代”下，情况又发生了变化，环境治理的领域、主体、规范和机制越来越多，治理形式创新不断，治理效率却始终得不到体现，由此环境治理迫切需要范式变迁。

治理范式从以国家为中心、形式相对简单向国家—非国家兼具、形式复杂的范式变迁并不意味着原先的问题会自动消失。譬如尽可能扩大民主参与、汲取治理资源常常忽视全球体系中的权力不平等问题，当地缘政治回归时将受到怎样的影响；过度强调治理，往往忽视对具体问题来龙去脉的历史洞察，难以捕捉到深层症结所在；更紧要的是，目前的环境治理似乎更注重技术层面的创新，喜欢使用人工智能、大数据等新兴技术，忽视价值和人文基础。可见治理的范式变迁并不是灵丹妙药，不但原来的问题依然存在，甚至还叠加了新的问题，这时候比以往任何时刻都需要关键大国的支持。

在这样的全球格局中，中美显然负有特殊责任，前者是主要新兴大国，而后者是国际体系中的霸权。虽然两者有着不同的战略取向，但是双边合作成效直接关系到全球治理的成效。事实上，国际社会一再要求两国率先承担减排重任，并带领其他国家一起应对气候变化。中国顺应全球环境安全的整体态势，将生态文明写入《中国共产党党章》，并积极发展绿色经济，也愿意[1]与美国加强对话、相互协商，建立稳定的双边合作机制，深入推进多边治理体系。遗憾的是，目前特朗普政府对国家利益的排序不同于历届政府，偏向于重视经济和军事等硬实力，在包括环境安全在内的其他领域投入严重不足，与我国合作的许多项目停滞，严重损害了整体治理效果。未来，我国应如何与美国相处，如何本着“人类命运共同体”理念去构建成熟、有韧性的合作体制仍需深入思考与探索。

注释

1. Isabel Hilton & Oliver Kerr, “The Paris Agreement: China’s New Normal Role in International Climate Negotiations,” *Climate Policy*, Vol.17, 2016, pp.48—58.

参考文献

一、中 文 文 献

[美]奥兰·扬:《世界事务中的治理》,陈玉刚、薄燕译,上海:上海人民出版社2007年版。

[英]巴瑞·布赞、[丹]奥利·维夫等主编:《新安全论》,朱宁译,杭州:浙江人民出版社2003年版。

薄燕、高翔:《原则与规则:全球气候变化治理机制的变迁》,载《世界经济与政治》2014年第2期,第48—65页。

薄燕编:《环境问题与国际关系》,上海:上海人民出版社2007年版。

毕军等:《区域环境分析和管理》,北京:中国环境科学出版社2006年版。

曹凤中:《绿色的冲击》,北京:环境科学出版社1999年版。

[美]查尔斯·凯格利:《世界政治:走向新秩序》,夏维勇、阮淑俊译,北京:世界图书出版公司2010年版。

柴麒敏、傅莎、祁悦、樊星、徐华清:《特朗普"去气候化"政策对全球气候治理的影响》,载《中国人口·资源与环境》2017年第8期,第1—8页。

仇华飞、张邦娣:《欧美学者国际环境治理机制研究的新视角》,载《国外社会科学》2014年第5期,第49—57页。

[美]戴维·米勒等主编:《布莱克维尔政治学百科全书》,邓正来中文主编,北京:中国政法大学出版社1992年版,第187—189页。

丁金光:《国际环境外交》,北京:中国社会科学出版社2007年版。

丁仲礼:《国际温室气体减排方案评估及中国长期排放权讨论》,载《中国科学D辑:地球科学》2009年第12期,第1659—1671页。

房乐宪、张越:《美日欧环境外交政策比较》,载《现代国际关系》2001年第4期,第12—17页。

冯存万:《南南合作框架下的中国气候援助》,载《国际展望》2015年第1

期,第34—51页。

高翔、王文涛、戴彦德:《气候公约外多边机制对气候公约的影响》,载《世界经济与政治》2012年第4期,第59—71页。

何忠义、盛中超:《冷战后美国环境外交政策分析》,载《国际论坛》2003年1月,第66—67页。

胡鞍钢:《通向哥本哈根之路的全球减排路线图》,载《当代亚太》2008年第6期,第22—38页。

[瑞士]克里斯托弗·司徒博:《为何故,为了谁,我们去看护》,载《复旦学报》(社会科学版)2009年第1期,第68—79页。

[美]莱斯特·R.布朗:《第二十九天:人类发展面临的威胁及其对策》,吴立夫等译,北京:科学技术文献出版社1986年版。

李慧明:《〈巴黎协定〉与全球气候治理体系的转型》,载《国际展望》2016年第2期,第1—20页。

李慧明:《全球气候治理制度碎片化时代的国际领导及中国的战略选择》,载《当代亚太》2015年第4期,第128—160页。

李少军主编:《国际安全概念》,北京:中国社会科学出版社2018年版。

李伟:《试论环境外交中的西方霸权》,载《理论月刊》2002年第11期,第29—30页。

李莹、高歌、宋连春:《IPCC第五次评估报告对气候变化风险及风险管理的新认识》,《气候变化研究进展》,2014年7月,第260—267页。

李志斐:《环境安全化路径分析与治理体系构建》,载《教学与研究》2011年第1期,第63—70页。

联合国开发计划署:《中国人类发展报告:迈向低碳经济和社会的可持续未来》,北京:中国对外翻译出版公司2010年版。

林尚立:《在有效性中累积合法性:中国政治发展的路径选择》,载《复旦学报》(社会科学版)2009年第2期,第46—54页。

刘锦前、李立凡:《南亚水环境治理困局及其化解》,载《国际安全研究》2015年第3期,第136—154页。

刘蕊、张明顺:《欧盟 CO_2 排放现状及我国开展碳排放计算统计工作的建议》,载《中国人口、资源与环境》2015年第5期(增刊),第526—529页。

楼庆红:《美国环境外交的三个发展阶段》,载《社会科学》1997年第10期,第28—30页。

马欣等:《基于哥本哈根学派的中国气候安全化比较分析》,载《气候变化研究进展》2019 年第 15 期,第 693—699 页。

马跃堃:《环境外交要超越“唯国家利益论”》,载《公共外交季刊》2016 年第 1 期,第 29—34 页。

[英]尼古拉斯·斯特恩:《地球安全愿景:治理气候变化,创造繁荣进步新时代》,武锡申、曹荣湘译/校,北京:社会科学出版社 2011 年版,第 164 页。

潘家华、王谋:《国际气候谈判新格局与中国的定位问题探讨》,载《中国人口、资源与环境》2014 年第 4 期,第 1—5 页。

潘家华:《负面冲击　正向效应——美国总统特朗普宣布退出〈巴黎协定〉的影响分析》,载《中国科学院院刊》2017 年第 9 期,第 1014—1021 页。

潘家华主编:《应对气候变化报告——通向哥本哈根》,北京:社会科学出版社 2009 年版。

潘勋章、滕飞、王革华:《不同碳排放权分配方案下各国减排成本的比较》,载《中国人口、资源与环境》2013 年第 12 期,第 16—21 页。

潘亚玲:《安全化、国际合作与国际规范的动态发展》,载《外交评论》2008 年 6 月,第 51—59 页。

庞中英:《效果不彰的多边主义和国际领导赤字——兼论中国在国际集体行动中的领导责任》,载《世界经济与政治》2010 年第 6 期,第 4—18 页。

[挪威]乔根·兰德斯:《2052:未来四十年的中国与世界》,秦学征等译,南京:译林出版社 2013 年版。

曲建生、曾静静、张志强:《国际主要温室气体排放数据集比较分析研究》,载《地球科学进展》2008 年 1 月,第 47—54 页。

全永波:《海洋污染跨区域治理的逻辑基础与制度建设》,浙江大学博士论文 2017 年 6 月。

[印度]萨拉·萨卡:《生态社会主义还是生态资本主义》,张淑兰译,济南:山东大学出版社 2008 年版。

沈国明:《城市安全学》,上海:华东师范大学出版社 2008 年版。

[美]斯蒂芬·平克:《人性中的善良天使:暴力为什么会减少》,安雯译,北京:中信出版社 2015 年版。

随新民:《国际制度的合法性与有效性——新现实主义、新自由主义制度和建构主义三种范式比较》,载《学术探索》2004 年 6 月,第 69—74 页。

孙畅:《海洋垃圾污染问题的国际法规制:成就、缺失与前路》,吉林大学博士学位论文 2013 年 6 月。

孙畅:《海洋垃圾污染治理与国际法》,哈尔滨:哈尔滨工业大学出版社 2014 年版。

汤伟:《迈向完整的国际领导——中国参与全球气候治理的角色分析》,载《社会科学》2017 年第 3 期,第 24—32 页。

陶鹏、童星:《我国自然灾害管理中的"应急失灵"及其矫正——从 2010 年西南五省(市、区)旱灾谈起》,载《江苏社会科学》2011 年第 2 期,第 21—28 页。

田野:《国际制度的形式选择——一个基于国家间交易成本的模型》,载《经济研究》2005 年第 7 期,第 96—108 页。

[捷克]瓦茨拉夫·克劳斯:《环保的暴力》,宋风云译,北京:世界图书出版公司 2012 年版。

王菊英、林新珍:《应对塑料及微塑料污染的海洋治理体系浅析》,载《太平洋学报》,2018 年 4 月,第 79—87 页。

王凌:《安全化的路径分析——以中海油竞购优尼科为例》,载《当代亚太》2011 年第 5 期,第 74—97 页。

王明国:《国际制度复杂性与东亚一体化进程》,载《当代亚太》2013 年第 1 期,第 4—32 页。

王明国:《机制复杂性及其对国际合作的影响》,载《外交评论》2012 年第 3 期,第 144—145 页。

谢来辉:《全球环境治理"领导者"的蜕变:加拿大的案例》,载《当代亚太》2012 年第 1 期,第 119—139 页。

谢来辉:《为什么欧盟积极应对气候变化》,载《世界经济与政治》2012 年第 8 期,第 73—91 页。

谢永刚、王建丽、潘娟:《中俄跨境水污染灾害及区域减灾合作机制探讨》,载《东北亚论坛》2013 年第 4 期,第 82—91 页。

玄理:《重塑国家之责:人的安全保护、冲突与治理》,载《国际安全研究》2014 年第 1 期,第 35—62 页。

杨令侠:《加拿大与美国关于酸雨的外交》,载《南开学报》(哲学社会科学版)2002 年第 3 期,第 118—124 页。

姚莹:《东北亚区域海洋环境合作路径选择——"地中海模式"之证成》,载《当代法学》2010 年第 5 期,第 132—139 页。

于海晴等:《海洋垃圾和微塑料污染问题及其国际进程》,载《世界环境》

2018 年第 2 期,第 50—53 页。

于海涛:《西北太平洋区域海洋环境保护国际合作研究》,中国海洋大学博士论文 2015 年 6 月。

于宏源:《环境变化和权势转移:制度、博弈和应对》,上海:上海人民出版社 2011 年版。

于宏源:《浅析非洲的安全纽带威胁与中非合作》,载《西亚非洲》2013 年第 6 期,第 114—128 页。

于宏源:《特朗普政府气候政策的调整及影响》,载《太平洋学报》2018 年 1 月,第 25—33 页。

余潇枫:《从危态对抗到优态共存——广义安全观与非传统安全战略的价值定位》,载《世界经济与政治》2004 年第 2 期,第 8—13 页。

[澳]约翰·德赖泽克:《地缘政治学:环境话语》,蔺雪春、郭晨星译,济南:山东大学出版社 2008 年。

张春、高玮:《联合国 2015 年发展议程与全球数据伙伴关系》,载《世界经济与政治》2015 年第 8 期,第 88—105 页。

张海滨、艾锦姬:《美国:环境外交新动向》,载《世界知识》1997 年第 12 期,第 26—27 页。

张海滨、戴瀚程、赖华夏、王文涛:《美国退出〈巴黎协定〉的原因、影响及中国的对策》,载《气候变化研究进展》2017 年第 5 期,第 439—447 页。

张海滨:《有关世界环境与安全研究中的若干问题》,载《国际政治研究》2008 年第 2 期,第 141—158 页。

张海滨:《中国在国际气候变化谈判中的立场:连续性与变化及其原因探析》,载《世界经济与政治》2006 年第 10 期,第 36—43 页。

张珞平等:《预警原则在环境规划与管理中的应用》,载《厦门大学学报》(自然科学版)2004 年 8 月(增刊),第 221—224 页。

张永香、巢清尘、郑秋红、黄磊:《美国退出〈巴黎协定〉对全球气候治理的影响》,载《气候变化研究进展》2017 年第 5 期,第 407—414 页。

张志强、徐中民、程国栋:《生态足迹的概念及计算模型》,载《生态经济》2000 年第 10 期,第 8—10 页。

赵行姝:《气候变化与美国国家安全:美国官方的认知及其影响》,载《国际安全研究》,2015 年第 5 期,第 107—129 页。

赵绪生:《论后冷战时期的国际危机与危机管理》,载《现代国际关系》2003

年第 1 期,第 24—25 页。

中国城市科学研究会:《中国低碳生态城市发展战略》,北京:中国城市出版社 2009 年版。

周鹏、周迅、周德群:《二氧化碳减排成本研究述评》,载《管理评论》2014 年第 11 期,第 20—27 页。

周丕启:《合法性与大战略——北约体系内美国的霸权护持战略》,北京:北京大学出版社 2005 年版。

周杨明、于秀波、于贵瑞:《生态系统评估的国际案例及其经验》,载《地球科学进展》2008 年第 11 期,第 1209—1217 页。

二、英 文 文 献

Amandine Orsini, "Multi-forum Non-state Actors: Navigating the Regime Complexes for Forestry and Genetic Resources," *Global Environmental Politics*, Vol.13, 2013, pp.34—55.

André Broome, Liam Clegg, Lena Rethel, "Global Governance and the Politics of Crisis," *Global Society: Journal of Interdisciplinary International Relations*, Vol.26, 2012, pp.3—17.

Anthony Smallwood, "The Global Dimension of the Fight Against Climate Change," *Foreign Policy*, Vol.167, 2008, pp.8—9.

Bai Xuemei, Imurab Hidefumi, "A Comparative Study of Urban Environment in East Asia: Stage Model of Urban Environmental Evolution," *International Review for Environmental Strategies*, Vol.1, No.1, 2000, pp.135—158.

Bevaola Kusumasari, Quamrul Alam, Kamal Siddiqui, "Resource Capability for Local Government in Managing Disaster," *Disaster Prevention and Management*, Vol.19, Issue 4, 2010, p.444.

Bjørn Lomborg, *the Skeptical Environmentalist: Measuring the Real State of the World*, Cambridge: Cambridge University Press, 2001.

Brown Weiss and Harold K. Jacobson eds., *Engaging Countries: Strengthening Compliance with International Environmental Accords*, Cambridge: MIT Press, 1998.

Charles Cohen and Eric D. Werker, "The Political Economy of Natural

Disasters," *Journal of Conflict Resolution*, Vol.52, 2008, pp.814—815.

Chennat Gopalakrishnan, "Designing New Institutions for Implementing Integrated Disaster Risk Management: Key Elements and Future Directions," *Disasters*, Vol.31, Issue 4, 2007, pp.353—372.

Christian Schmidt, Tobias Krauth, and Stephan Wagner, "Export of Plastic Debris by Rivers into the Sea," *Environmental Science & Technology*, Vol.51, 2017, pp.12246—12253.

Daniel Deudney, R. A. Matthew eds., *Contested Grounds: Security and Conflict in the New Environmental Politics*, Albany: State University of New York Press, 1999.

Daniel W. Drezner, "The Power and Peril of International Regime Complexity," *Perspective on Politics*, Vol.7, 2009, pp.65—70.

Detlef Sprinz, Tapani Vaahtoranta, "The Interest Based Explanation of International Environmental Policy," *International Organization*, Vol. 48, No.1, 1994, p.81.

Eero Palmujoki, "Fragmentation and Diversification of Climate Change Governance in International Society," *International Relations*, Vol.27, 2013, pp.180—201.

Francisco G. Delfin, J. R., Jean-Christophe Gaillard, "Extreme Versus Quotidian: Addressing Temporal Dichotomies in Philippine Disaster Management," *Public Administration and Development*, Vol. 28, Issue 3, 2008, pp.190—199.

Frank Biermann, Fariborzzelli, Philipp Pattberg eds., *Global Climate Governance Beyond 2012*, Cambridge University Press, 2010.

Franz Xazer Perrez, Daniel Zieggerer, "A Non-institutional Proposal to Strengthen International Environmental Governance," *Environmental Policy and Law*, Vol.38, 2008, pp.253—261.

Gregory D. Foster, "Environmental Security: the Search for Strategic Legitimacy," *Armed Forces & Society*, Vol.27, No.3, 2001. pp.373—395.

Isabel Hilton & OliverKerr, "The Paris Agreement: China's New Normal Role in International Climate Negotiations," *Climate Policy*, Vol.17, 2016, pp.48—58.

Jeff Kingston, eds., *Natural Disaster and Nuclear Crisis in Japan*, London & New York: Routledge, 2012.

Jenna R. Jambeck, Roland Geyer etc., "Plastic Waste Inputs from Land into the Ocean," *Science*, Vol.347, Issue 6223, 2015, pp. 768—771.

Jessica Tuckman Mattews, "Redefining Security," *Foreign Affairs*, Vol.68, No.2, 1989, pp.162—177,

Joel Tickner, Carolyn Raensperger, "the Politics of Precaution in the United States and the European Union," *Global Environmental Change*, Vol.11, 2001, pp.175—176.

Johan Rockstrom, "A Safe Operating Space for Humanity," *Nature*, Vol.461, 2009, pp.472—475.

Johannes Urpelainen Thijs Van de Graaf, "United States non-cooperation and the Paris Agreement," *Climate Policy*, Vol.18, No.7, 2018, pp.839—851.

John Audley, "Lemons into Lemonade? Environment's New Role in U.S. Trade Policy," *Environment: Science and Policy for Sustainable Development*, Vol.45, 2003, pp.29—34.

Kal Raustiala and David G.Victor, "the Regime Complex for Plant Genetic Resources," *International Organization*, Vol. 58, 2004, pp. 277—279.

Karen J. Alter, Sophie Meunier, "the Politics of International Regime Complexity, " *Perspective on Politics*, Vol.7. No.1, 2009, pp.13—24.

Karen N. Soctt, "International Environmental Governance: Managing Fragmentation through Institutional Connection," *Merlbourne Journal of International Law*, Vol.12, 2011, pp.1—40.

Kenneth W. Abbott, "Engaging the Public and the Private in Global Sustainability Governance," *International Affairs*, Vol. 88, Issue 3, 2012, pp.543—564.

Luis Gomez-Echeverri, "The Changing Geopolitics of Climate Change Finance," *Climate Policy*, Vol.13, No.5, 2013, pp.632—648.

Marc Levy, "Is the Environment a National Security Issue," *International Security*, Vol.20, No.21,1995, pp.35—62.

Maria Ivanova, Jennifer Roy, "The Architecture of Global Environmental Governance: Pros and Cons of Multiplicity," Centerforunreform.org, May 25,

2018, http://www. centerforunreform.org/node/234.

Michael Bruce Beck and Rodrigo Villarroel Walker, "On Water Security Sustainability, and the Water-Food-Energy-Climate Nexus," *Environmental Science & Engineering*, Vol.7, No.5, October 2013, pp.626—639.

Millennium Ecosystem Assessment, *Ecosystems and Human Well-Being*, *A Framework for Assessment*, Washington DC: Island Press, 2003.

Nils Simon, "Fragmentation in Global Governance Architectures: The Cases of the Chemicals and Biodiversity Cluster," www. wiscnetwork. org/porto2011/papers/WISC_2011-592.doc.

Norman Myers, *Ultimate Security: the Environmental Basis of Political Stability*, New York: W.W Norton, 1993.

Onno Kuik, Jeroen Aerts, et al., "Post-2012 Climate Policy Dilemmas: a Review of Proposals," *Climate Policy*, Vol.8, 2008, pp.318—319.

Paul G.Harris, ed., *The Environment*, *International Relations*, *and U.S. Foreign Policy*, Washington: Georgetown University Press, 2001.

Paul Harris, *International Equity and Global Environmental Politics: Power and Principles in U.S. Foreign Policy*, London: Ashgate, 2001.

Peter M. Haas, *Saving the Mediterranean—the Politics of International Environmental Cooperation*, New York: Columbia University Press, 1990.

Phong Tran, Rajib Shaw, "Environment Disaster Linkages: An Overview," *Community*, Environment and Disaster Risk Management, Vol. 9, 2012, pp.3—14.

Pradyumna P. Karan, Shanmugam P. Subbiah eds., *The Indian Ocean Tsunami*, Lexington: the University Press of Kentucky, 2011.

Richard H.Ulman, "Redefining National Security, "*International Security*, Vol.8, No.1, 1983, pp.129—153.

Robert F.Durant, "Whither Environmental Security in the Post-September 11th Era?", *Public Administration Review*, Vol.62, 2002, p.115.

Robert Keohane, David Victor, "The Regime Complex for Climate Change," *Perspective on Politics*, Vol.9, No.1, 2011, pp.7—23.

Rosemary Foot, S. Neil Macfarlane, and Michael Mastanduno, eds., *US Hegemony and International Organizations: The United States and Multilat-*

eral Institutions, Oxford: Oxford University Press, 2003.

Shirley V. Scott, "The Securitization of Climate Change in World Politics: How Close have We Come and would Full Securitization Enhance the Efficacy of Global Climate Change Policy," *Review of European Community & International Environmental Law*, Vol.21, No.3, 2012, pp.220—230.

Stefano Steven Banwart, Jaap Bloem Bernasconi, "Soil Processes and Functions in Critical Zone Observatories: Hypotheses and Experimental Design," *Vadose Zone Journal*, Vol.10, No.3, 2011.

The Heinz Center, *the State of the Nation's Ecosystems: Measuring the Lands, Waters and Living Resources of the United States*, New York: Cambridge University Press, 2002.

Thomas F. Homer-Dixon, "On the Threshold: Environmental Changes as Causes of Acute Conflict," *International Security*, Vol. 16, No. 2, 1991, pp.76—116.

Uday Desai, ed., *Environmental Politics and Policy in Industrialized Countries*, Cambridge: MIT Press, 2002.

Urs Luterbacher and Detetlef E. Sprinz eds. *International Relations and Global Climate Change*, London: The MIT 2001.

Warren Christopher ed., *In the Stream of History: Shaping Foreign Policy for a New Era*, California: Stanford University Press, 1998.

William M. Lafferty and James Meadowcroft eds., *Implementing Sustainable Development: Strategies and Initiatives in High Consumption Societies*, Oxford University Press, 2000.

World Bank, *World Development Report 1992: Development and the Environment*, New York: Oxford University Press, 1992.

Yuki Matsuoka, Anshu Sharma, Rajib Shaw, "Hyogo Framework for Action and Urban Risk Reduction in Asia," *Community, Environment and Disaster Risk Management*, Vol.1, 2009.

后　记

环境安全已成为我国社会科学研究最重要的研究议程之一，经过十几年的投入，应该说取得了许多有益的研究成果，为实际治理和国家政策需求提供了相当程度的支撑。然而在全球化、信息技术、社会主体等诸多结构性力量推动下，治理的复杂性、系统性以及响应的速度都在呈指数级增加，治理目标、治理手段、治理结构与以往相比都不可同日而语。显然，相对于治理需求，环境安全研究还有很大的探讨空间。

首先是理论方面。目前关于环境安全的理论研究应该说不少，譬如安全化过程和路径的研究、气候变化的国家安全的研究，这些研究颇具有理论的延展性，在丰富和发展安全理论很有启示意义，但缺点也是很明显的：对新现象解释明显不足，无法根据新情况、新案例做出合乎逻辑的解释，譬如对特朗普政府对气候变化的去安全化的关注仍然不够；对新领域的关注不够，基于多种原因，气候变化、北极等安全议题得到更多关注，取得了丰硕的研究成果，而对其他一些问题譬如自然灾害、海洋垃圾、生物多样性等关注不足。当国际社会爆发相关事件，譬如粮食价格危机、埃博拉疫情、新冠肺炎疫情等时，我们不具备足够有效的知识储备，无法提供最佳应对方案；研究方法陈旧，主要还是以过程分析为主，以感性调研、总结为主，而政策实践中涉及许多跨学科知识，综合研究方法还不多见。

其次是政策研究。随着全球化高速进展，全球治理赤字非常明显，在传统大国意愿不足的情况下，国际社会对我国的期望也比较高，希望发挥一些其他国家发挥不了的作用。这里主要是指资金、人力等物质力量。其实，我国更应该提供治理方案，这种治理方案既包括原则、规则，也包括行动路径和操作过程。越来越多的迹象显示，环境安全、极地治理、能源安全等非传统安全正在实质性地塑造我国的发展空间和国家利益，政府需要在国际—国内多重约束下进行决策。学者要给决策提供支持，不但需要在掌握理论的基础上深刻理解国情和问题的内在机理，也需要与政府及时进行信息互动和深度沟通。

最后是理论视野。我们的理论研究和政策支持主要服务于国家发展大局，但作为新兴大国不能局限于此。新冠肺炎疫情的全球蔓延说明，内外联通、深度交融已是客观事实。为世界和平与发展贡献自己的智慧、提供全球治理的"中国方案"，格外需要风物长宜放眼量。我们既需要脚踏实地地了解国情，也了解世界各地的治理经验与失败教训。环境安全是世界主要大国都面临的问题，也都有自己的方式方法，在比较中学习与借鉴也是文明互鉴的重要方式。

本书是笔者过去数年研究的集合，不敢说理论、政策和视野方面有突破，但也做出了些许努力，也是值得纪念并和学界有所交流的。当然本书也多有不足，无论是分析层面还是文字层面，希望读者多包涵。最后要感谢上海人民出版社编辑的辛勤工作，以及上海社会科学院国际问题研究所给予的出版资助。本书也是黄仁伟教授主持的国家社科基金重大项目"中国参与全球治理的三重体系构建研究"（项目编号：12&ZD082）的阶段性成果。

汤 伟

2020 年 9 月

图书在版编目(CIP)数据

环境安全:理论争辩与大国路径/汤伟著.—上海:上海人民出版社,2020
(中国与世界丛书)
ISBN 978-7-208-16765-0

Ⅰ.①环… Ⅱ.①汤… Ⅲ.①环境保护-研究-中国
Ⅳ.①X-12

中国版本图书馆 CIP 数据核字(2020)第 203568 号

责任编辑 史桢菁
封面设计 王小阳

中国与世界丛书
环境安全:理论争辩与大国路径
汤 伟 著

出　版 上海人民出版社
(200001 上海福建中路 193 号)
发　行 上海人民出版社发行中心
印　刷 上海商务联西印刷有限公司
开　本 635×965 1/16
印　张 11.5
插　页 4
字　数 164,000
版　次 2020 年 11 月第 1 版
印　次 2020 年 11 月第 1 次印刷
ISBN 978-7-208-16765-0/D·3672
定　价 52.00 元

中国与世界丛书

中国跨国行政合作研究　　吴泽林　著

中国海洋治理研究　　胡志勇　著

环境安全:理论争辩与大国路径　　汤　伟　著